NF文庫
ノンフィクション

日本陸軍の基礎知識

昭和の戦場編

藤田昌雄

潮書房光人新社

目次

第1話 戦時体制と平時編制
戦時体制 10
平時の陸軍 12

第2話 動員と出征
動員と召集 19
出征 26

第3話 出征部隊の装備と上陸
出征部隊の装備 29
輸送船上の生活と警戒 34
上陸 36

第4話 行軍
行軍 39
強行軍 43
急行軍 44
夜行軍 45
耐熱行軍 47
耐寒行軍 47
第5話 歩哨と斥候
歩哨 50
斥候 53
第6話 伝令と連絡兵
伝令 61

第7話 道路と渡渉
道路 74
渡渉 80

第8話 宿営と廠営❶
宿営 85
宿営地の警戒と各種勤務 89

第9話 宿営と廠営❷
露営と携帯天幕 96
廠営 103

第10話 給水と便所
給水 106
便所 113

第11話 駄馬と輜重車❶
師団編成と馬匹 117
輜重兵大隊 121
戦場での輜重兵の日課 126

第12話 駄馬と輜重車❷
輜重兵中隊の編成 128

第13話 駄馬と輜重車❸
自動車中隊の編成 142
大行李と小行李 145
物資の搭載方法 148

第14話 加給品と煙草
煙草専売制の開始と軍用煙草「誉」 152

加給品と煙草 155
戦場での煙草 158
外地の軍用煙草 160
戦時下の国民生活と煙草 161

第15話 戦場の食事❶
尋常糧秣と携帯糧秣 163
陸軍戦時給与規則の改正 167
戦用炊具 169

第16話 戦場の食事❷
戦用炊具での炊事方法 174
地方炊具を用いる炊事方法 178
炊事班の編成例 179
戦用炊具を用いた料理献立 179

第17話 戦場の食事❸
飯盒炊爨 184
携帯口糧 190

第18話 衛生システム
戦場における衛生部隊 195
医療システム 195
繃帯包 203

あとがき 211

日本陸軍の基礎知識

〔昭和の戦場編〕

戦時体制と平時編制

戦場における将兵の真実の姿を写真とともに詳細に綴る。
第1話は「戦時体制」や、「軍隊」「官衙」「特務機関」等、
平時の陸軍体制を精密な編成部隊表付きで徹底紹介！

第1話

戦時体制

領土や利権等に端を発して国家間での争いがはじまり、問題解決のための政府間ないし調停者を交えての話し合いである「会談」「調停」が決裂すると、問題解決のステージは軍事力を主体とした実力行使による解決である「武力行使」へと移行して、当事国同士はおたがいに「宣戦布告」を行ない戦争状態へと移行して国力を賭しての問題解決に邁進する。なお「宣戦布告」を行なわない紛争を「事変」と呼称した。

この「戦争」が開始ないし開始の兆候が見られる場合、国家はその運営スタイルを平素の平時体勢より非常時の「戦時体制」へと移行させるとともに、国防の任に当たる陸海軍は戦備をととのえるため動員令と呼ばれる動員命令を下して「動員」を開始

する。

軍隊は平時より立案されている「戦時動員計画」にしたがい、平時編制の各部隊を予備役の召集により人員を増強するとともに、備蓄されている兵器・装備類の補充を行ない「戦時編制」への移行が行なわれる。これにあわせて、「軍」「方面軍」等の隷下には予備役の動員により前線から後方に至る、平時は存在しない各種の「直轄部隊」の編制がはじまる。

国家レベルでは最低限の国民生活の維持に関係しない国内の産業設備を戦時生産に転換させるとともに、平素は自由に流通していた国内経済と物資を統制し、食料品をはじめとする各種需品類を配給等の統制を行なう、戦争完遂のために国力のすべてをつぎ込む「国家総力戦」の体勢がとられるようになる。

陸軍の戦時動員では、相手国に派遣するための「派遣軍」の編制を行なう。通常「派遣軍」はその隷下に、複数の「師団」とその「直轄部隊」を擁したいくつかの「軍」より編制されるケースが多く、「師団」は戦時動員により人員・装備の増強を受けるとともに、平時は師団の隷下に入れられ「編合部隊」(後述)で軍と師団の支援を行なう各種多様の直轄部隊を編制する。

また人員面では「現役兵」以外に「在郷軍人」のスタイルで予めプールしてある

「予備役」の動員による人員増加が行なわれるとともに、平時から有事にそなえて備蓄してある兵器・機材・資材・弾薬類の部隊交付とあわせて、国内工業を戦時体制に移行しての昼夜兼行による二十四時間体制での必需品の製造・整備が行なわれる。

平時の陸軍

平時の日本陸軍の編制は、「軍隊」「官衙《かんが》」「学校」「特務機関」の四つに区分されており、原則として現役の軍人と軍属によって編制されていた。

平時における陸軍最大規模の部隊

「満洲事変」の勃発に際して、昭和 6 年に「近衛輜重兵大隊」で編成された「松尾輜重監視隊」の出征記念撮影。軍装している将兵が出征部隊である。戦時に際しては全部隊以外の一部部隊に動員がかかる場合も多く、この場合は予備役の動員はなく、既存部隊からの要員抽出で出動部隊を編成する

は「師団」であり、戦時動員はこの既存の「師団」をベースとして行なわれた。

以下に昭和五年の時点での「軍隊」「官衙」「学校」「特務機関」についての詳細を示す。

軍隊

「軍隊」は「師団」「師団以外の部隊」「憲兵隊」「陸軍教化隊」より成り立つ。

「師団」には「師団」と師団への「編合部隊」がある。

「師団」は平時陸軍での最大の戦闘単位であり、「師団司令部」と「歩兵旅団」二個、「騎兵聯隊」一個、「砲兵聯隊」一個、「工兵大隊」一個、「輜重兵大隊」一個（朝鮮師団には無し）より編制される「中将」を指揮官とする大兵力である。

「編合部隊」とは平時のみに特定の師団の隷下に他部隊を編合することであり、部隊としては「戦車隊」「騎兵旅団」「独立山砲聯隊」「騎砲兵大隊」「野戦重砲兵旅団」「重砲兵聯隊」「重砲兵大隊」「高射砲聯隊」「鉄道聯隊」「電信聯隊」「飛行聯隊」「気球隊」がある。

「師団以外の部隊」は「内地」と呼ばれる日本本土に対して「外地」と呼ばれた「日本領」の守備兵力であり、「朝鮮軍司令部」「臺灣《たいわん》軍司令部」「關東軍《かんとうぐん》司令部」「臺灣守備隊」「独立守備隊」「臺灣・滿洲にある重砲兵大隊」「支那駐屯軍司令部」がある。

「朝鮮軍」は「朝鮮軍司令部」の隷下に「第十九師団」と「第二十師団」がある。

「臺灣守備隊」は「臺灣軍司令部」の隷下に、「歩兵聯隊」二個と「山砲兵大隊」一個と「重砲兵大隊」二個を擁している。

「關東軍」は日本領「關東州」と特殊権益である「南滿洲鉄道」の守備を任務として、「關東軍司令部」の隷下に内地より交代で赴任する「師団」一個と「独立守備隊」六個大隊と「旅順重砲兵大隊」がある。

「支那駐屯軍」は支那の在留邦人保護の目的で、「支那駐屯軍司令部」の隷下に「天津駐屯歩兵隊」と「北京駐屯歩兵隊」があり、内地の各師団より中隊単位で二年のサイクルで交代派遣される守備隊である。

「憲兵隊」は陸軍大臣の管轄による軍事警察であり、司法警察・行政警察を兼務する。憲兵の勤務補助要員として「補助憲兵」と、朝鮮人による「憲兵補」がある。

「陸軍教化隊」は、陸軍兵卒で素行不良のものを収容して教導感化するための施設で、愛媛の「第十師団」の管理下に属する。

官衙

「官衙」には「陸軍省及びその隷属官衙」と「参謀本部及びその隷属官衙」と「教育総監部」と「その他の官衙」がある。

「皇居遥拝」を行なう「松尾輜重監視隊」を捉えた一葉。この後「松尾輜重監視隊」は「騎兵第二十六聯隊」主力とともに滿洲の錦州で散華する。戦時には多くの補給部隊が動員されるほか、多くの直轄部隊が編成される

出征のために「近衛輜重兵大隊」より自動貨車で東京駅に向かう「松尾輜重監視隊」。総員完全軍装の上に、「三八式騎銃」には白布が巻かれている

外地守備兵力一覧　昭和5年

区　分	隷　下　部　隊
朝　鮮　軍	朝鮮軍司令部 第十九師団 第二十師団
臺灣守備隊	臺灣軍司令部 臺灣歩兵第一聯隊 臺灣歩兵第二聯隊 臺灣山砲兵大隊 基隆重砲兵大隊 馬公重砲兵大隊
關　東　軍	關東軍司令部 師団（内地より交代） 独立守備歩兵第一大隊 独立守備歩兵第二大隊 独立守備歩兵第三大隊 独立守備歩兵第四大隊 独立守備歩兵第五大隊 独立守備歩兵第六大隊 旅順重砲兵大隊
支那駐屯軍	支那駐屯軍司令部 天津駐屯歩兵隊 北京駐屯歩兵隊

「陸軍省及びその隷属官衙」には「陸軍省」「陸軍航空本部」「陸軍技術本部」「築城部」「軍馬補充部」「陸軍兵器廠」「陸軍造兵廠」「陸軍科学研究所」「陸軍運輸部」「陸軍衛生材料廠」「陸軍被服廠」「陸軍糧秣廠」「千住製絨廠」がある。

「参謀本部及びその隷属官衙」には「参謀本部」と「陸軍測量部」がある。

「教育総監部」は陸軍の軍隊教育の斉一進歩の規画と所轄学校の教育をつかさどる機関である。

「その他の官衙」には「東京警備司令部」「聯隊区司令部」「衛戍病院」「陸軍監獄」「陸軍倉庫」「要塞司令部」がある。

学校

「学校」は「教育総監部の管轄に属する学校」と「教育総監部の管轄に属せざる学校」に別けられる。

「教育総監部の管轄に属する学校」には、「陸軍教導学校」「陸軍幼年学校」「陸軍士官学校」「陸軍砲工学校」「陸軍歩兵学校」「陸軍戸山学校」「陸軍騎兵学校」「陸軍野戦砲兵学校」「陸軍重砲兵学校」「陸軍工兵学校」「陸軍通信学校」「陸軍自動車学校」がある。

「教育総監部の管轄に属せざる学校」には、「陸軍大学校」「陸軍飛行学校」「陸軍経理学校」「陸軍工科学校」「陸軍軍医学校」「陸軍獣医学校」がある。

特務機関

「特務機関」には、「元帥府」「軍事参議院」「侍従武官府」「皇族附陸軍武官」「陸軍将校生徒試験委員」がある他に、「外国駐在員」「外国留生」「陸軍衛生部委託生」「陸軍経理部委託生」「陸軍獣医部委託生」「委託生徒」がある。

平時編制部隊一覧　昭和五年

軍隊	師団	師団	近衛師団 第一師団 第二師団 第三師団 第四師団 第五師団 第六師団 第七師団 第八師団 第九師団 第十師団 第十一師団 第十二師団 第十四師団 第十六師団 第十九師団 第二十師団
		編合部隊	騎兵第一旅団 騎兵第二旅団 騎兵第三旅団 騎兵第四旅団 野戦重砲兵第一旅団 野戦重砲兵第二旅団 野戦重砲兵第三旅団 野戦重砲兵第四旅団 高射砲第一聯隊 電信第一聯隊 鉄道第一聯隊 鉄道第二聯隊 独立山砲第一聯隊 独立山砲第三聯隊 横須賀重砲兵聯隊 深山重砲兵聯隊 下関重砲兵聯隊 函館重砲兵大隊 佐世保重砲兵大隊 鶏知重砲兵大隊 舞鶴重砲兵大隊 第一戦車隊 飛行第一聯隊 飛行第二聯隊 飛行第三聯隊 飛行第四聯隊 飛行第五聯隊 飛行第六聯隊 飛行第七聯隊 飛行第八聯隊 気球隊 （其の他省略）
	師団以外の部隊	朝鮮軍司令部 臺灣軍司令部 關東軍司令部 臺灣守備隊 独立守備隊 臺灣・滿洲にある重砲兵大隊 支那駐屯軍司令部	
	憲兵隊		
	陸軍教化隊		

官衙	陸軍省及びその隷属官衙	陸軍省 陸軍航空本部 陸軍技術本部 築城部 軍馬補充部 陸軍兵器廠 陸軍造兵廠 陸軍科学研究所 陸軍運輸部 陸軍衛生材料廠 陸軍被服廠 陸軍糧秣廠 千住製絨廠
	参謀本部及びその隷属官衙	参謀本部 陸軍測量部
	教育総監部	
	その他の官衙	東京警備司令部 聯区司令部 衛戍病院 陸軍監獄 陸軍倉庫 要塞司令部
学校	教育総監部の管轄に属する学校	陸軍教導学校 陸軍幼年学校 陸軍士官学校 陸軍砲工学校 陸軍歩兵学校 陸軍戸山学校 陸軍騎兵学校 陸軍野戦砲兵学校 陸軍重砲兵学校 陸軍工兵学校 陸軍通信学校 陸軍自動車学校
	教育総監部の管轄に属せざる学校	陸軍大学校 陸軍飛行学校 陸軍経理学校 陸軍工科学校 陸軍軍医学校 陸軍獣医学校
特務機関	元帥府 軍事参議院 侍従武官府 皇族附陸軍武官 陸軍将校生徒試験委員 外国駐在員 外国留生 陸軍衛生部委託生 陸軍経理部委託生 陸軍獣医部委託生 委託生徒	

第2話

動員と出征

「動員」「召集」「兵站システムの動員」等を紹介した「動員と召集」に、召集された部隊が行なう「出征」を紹介する

動員と召集

動員

宣戦布告につづく国内の「戦時体制」への移行にあわせて、軍隊は戦時にそなえて予め策案してある「動員計画」に基づいて「動員令」を発令して「動員」を開始する。

陸軍では動員を『國軍ノ全部若ハ一部ヲ平時ノ體制ヨリ戰時ノ體制ニ移スヲ謂ウ』と定義され、年度ごとに改定される「動員計画」により、常設部隊の定員数を平時より戦時対応の戦時定員に増加するとともに、常設部隊以外に多くの新設部隊・特設部隊を編制するために「在郷軍人」の召集と「馬匹」を徴発して、戦時に必要な諸材料の整備が行なわれた。

召集一覧
昭和5年時点

充員召集
臨時召集
国民兵召集
演習召集
教育召集
補欠召集

多くの戦争・事変では、平時陸軍の最大戦略単位である「師団」を基幹として「派遣軍」が編制される。「派遣軍」は「派遣軍司令部」の隷下に複数の「師団」と「直轄部隊」を擁する大兵団であり、派遣規模が大きくなれば「日清戦争」「日露戦争」の戦例に見られるような「派遣軍」の隷下に複数の「師団」と「直轄部隊」を擁した数個の「軍」を持った「派遣軍」が編成された。

戦役での「軍」の編成の一例を挙げれば、本邦初の本格的外征である明治二十七年の「日清戦争」では七個師団で「第一軍」「第二軍」の二つの「軍」を編成しており、明治三十七年の「日露戦争」では戦時下に新設された四個師団をふくむ十六個師団で「満洲軍」の隷下に「第一軍」「第二軍」「第三軍」「第四軍」「鴨緑江《おうりょくこう》軍」の五軍が編成されており、この戦役では各軍の隷下には多くの直轄部隊が配属されていた。

また大正三年の「青島《チンタオ》出兵」では、日露戦争の戦例をもとに重防護の要塞を攻略すべく、陸軍は「第十八師団」に大規模な砲兵部隊と各種の直轄部隊を配属して「青島要塞攻囲軍」を編成しており、大正七年の「シベリア出兵」では「浦塩派遣軍」が編成されて出兵終結までに交代で延べ九個師団が派遣された。

昭和 6 年 11 月に勃発した「天津暴動」に際し、「支那駐屯軍」隷下の「天津駐屯歩兵隊」応援のために内地の大阪を出発する増援部隊を写した一葉。緊急出動のために将兵は「背嚢」を背中に装着せずに「外套」を肩に掛けており、写真手前には叉銃された「三八式歩兵銃」が見られる。写真後方の輸送船は、内地の大阪と天津間を結ぶ「天津航路」に竣工している「大阪商船」の「長江丸（2613トン）」である

召集

昭和五年の時点での人員の召集には「充員召集」「臨時召集」「国民兵召集」「演習召集」「教育召集」「補欠召集」と、「在郷軍人」に対する「簡易点呼」があった。この中で戦時動員に関係する召集は「充員召集」「臨時召集」「国民兵召集」の三つである。

以下に「充員召集」「臨時召集」「国民兵召集」と「演習召集」「教育召集」「補欠召集」「簡易点呼」を示す。

「充員召集」は、動員により諸部隊の要員充足のために行

前掲写真の別アングルであり、岸壁では「軍隊輸送船」の乗船区分順に中隊ごとに使用銃と装備類が纏められている様子がわかる

なう召集である。

「臨時召集」は、戦時ないし事変時に臨時に在郷軍人を召集したり、平時での警備のために「帰休兵」や現役を終了したばかりである服役第一年次の予備役を集める召集である。

「国民兵召集」は、戦時ないし事変時に「国民兵」を集める召集である。

「演習召集」は、勤務教育の目的で「在郷軍人」を集める召集である。

「教育召集」は、教育目的で「第一補充兵」を集める召集である。

「補欠召集」は、平時の在営兵の欠員が出た場合に、「帰休兵」を集める召集である。

「簡易点呼」は「在郷軍人」の中から

支那事変下に内地を出発する「軍隊輸送船」に搭乗した出征部隊の将兵。岸壁には溢れんばかりの見送りの人々がいる

「予備役」「後備役」の下士・兵卒・第一補充兵を定期的に召集して軍事教育と点検・査閲を行ない、「在郷軍人」の練度維持と士気向上を目的としたものである。

なお「簡易点呼」は職業軍人よりの見地から、点呼の対象となる予備役の当事者を含んだ自嘲的な意味で『在郷軍人の虫干し』との呼称が公然と存在した。

また「歩兵聯隊」の戦闘単位である「歩兵中隊」も戦時動員により、平素は「中隊本部」の下に複数の「内務班」を擁して演習等に際しては適宜に「歩兵小隊」を編成していたスタイルを、「中隊本部」隷下に「中隊長（通常「大尉」）」を長とした指揮機関である「中隊指揮班」と、「小隊長（通常「少尉」）」を長とした三個の「歩兵小隊」を編成する。

大規模な戦時動員になると、「歩兵中隊」の将校は「中隊長」と「小隊長」一名が「陸軍士官学校」を卒業した現役将校であり、残りの二名の小隊長は「幹部候補生」等の予備役将校から召集されるケースが多く、現役将校から見て召集された予備役将校を「徴発駄馬」の蔑称で呼ぶケースもあった。

また将兵の召集とあわせて、物資運搬に用いられる馬匹である「軍馬」の動員も開始される。

平時の部隊が保有する「軍馬」は動員部隊の根幹馬となり、平時より軍がプールしている「平時保管馬」と呼ばれる「予備馬」のほかに、市井より多くの馬を軍馬として徴発が行なわれる。「平時保管馬」の多くは火砲等の兵器・機材を牽引する「輓馬《ばんば》」と「乗馬」に充当され、徴発馬の多くは輜重車等の牽引用の「挽馬」と駄鞍を用いた「駄馬」が主体であった。

戦時動員がはじまると、出征にそなえて常設の軍馬と平時保管馬と徴発馬のすべての蹄鉄を新しいものに付け替える。

兵站システムの動員

動員では正面の戦闘部隊の整備と併せて、必要不可欠な要素として後方の兵站部隊の整備も併設して行なわれた。

補給を担当する各師団隷下の「輜重兵大隊（後に「聯隊」に改変）」は、戦時体制への改変により戦時輸送の従事に特化した「輜重輸卒《しちょうゆそつ》」が多数召集されるほか、新設される「軍」の隷下にも直轄の「兵站部隊」と付属部隊が多数編成された。

「輜重輸卒」は「西南戦争」以降に陸軍が作り上げた戦時に用いられる補給・輸送システムであり、明治建軍以来の戦役のたびに、「軍夫《ぐんぷ》」の呼称で民間から雇いあげた荷役専用の労働者を、平時より「輜重輸卒」の呼称で各地の「輜重兵大隊」での短期教育を施すとともに兵站要員としてのプールを行ない、有事に際しての戦時輸送に充当させるシステムであり、戦時に際して「輜重兵」は「輜重輸卒」の管理・護衛に従事した。

「輜重輸卒」の教育は荷物の梱包方法と、「輜重車」と呼ばれる大八車に酷似した二つの木製車輪を持つ荷車を牽引専門の「輓馬」と呼ばれる馬匹による牽引（これを「輓曳《ばんえい》」と呼んだ）ないしは、「駄鞍《だあん》」とよばれる鞍に荷物を搭載（これを「駄載《ださい》」と呼んだ）するスタイルの「駄馬」の取扱が主体であった。

平時の「輜重兵大隊」は「大隊本部」と「輓馬中隊」「駄馬中隊」が各一個ずつで平時の兵員数は五百から六百名程度であるが、戦時に際しては動員した予備役と輜重輪卒で六個前後の「挽馬中隊」「駄馬中隊」を編成する。

また「支那事変」下では、馬匹編成ではなく自動車化された輜重兵部隊では、戦時動員により民間より「自動貨車（トラック）」の徴用や、「蒸気機関車」「貨車」をはじめとした鉄道車両の徴用も行なわれたほか、海上輸送・水路輸送のために民間から漁船・海上トラックの徴用も行なわれた。

このほかにも「歩兵聯隊」等では「行李《こうり》」と呼ばれる輸送部隊が戦時編成される。この「行李」には糧秣をメインで運搬する「大行李」と、弾薬を運搬する「小行李」の二種類があり、「歩兵聯隊」では「輜重輸卒」を基幹として三百名前後の人員を擁する規模であった。

なお「輜重輸卒」は昭和六年に「輜重特務兵」の呼称が変更となるも進級は不可能であったが、「支那事変」下の昭和十四年に「輜重兵」に統合されて進級が可能となった。

出征

動員が開始されると、各部隊では召集された将兵に対して出征までの時間を利用しての各種の訓練や器材・装備の分配や、新戦術・新兵器・新機材の実地教育が行なわれた。

動員により部隊の編制が完了することを「編成完結」と呼び、「編成完結」が終了した部隊は「編成完結式」と「出陣式」を行なってから戦地に出征する。

出征に際して四面を海洋に囲まれている日本では出征部隊は、部隊編成が完結した兵営より鉄道輸送で輸送船の待機する港湾まで移動してから、陸軍が民間から「御用船」の名称で徴用した「軍隊輸送船」に搭乗して海軍の護衛の下に敵国へと征途に出る。

出征部隊の「鉄道」や「船舶」による移動はすべて「中隊」単位で行なわれ、鉄道輸送では各停車場での食事と飲料水補給のほかに用便のための下車があった。船舶輸送では大勢の将兵を客船ではない貨物船に搭載するために船倉を改造して内部に蚕棚スタイルの木製居住区を特設して収容した。換気のために防水帆布製の通風筒を各所に設置するとともに、甲板上には、船舶の既存設備だけでは搭載している将兵の需要に対応できないために、臨時の「炊事場」と「便所」と鋼製の「飲料水タンク」が特設された。

輸送船上の出征部隊を写した一葉。デッキ下段には将校団、上段には下士官兵が見送りの人々に手を振りながら最後の挨拶をする姿が写されている

また移動途中の出征部隊に対しては、「帝国在郷軍人会」「国防婦人会」「愛国婦人会」「青年団」等による茶湯の接待等が各所で行なわれた。

輸送船に搭乗した将兵は敵地までは狭隘な船上で日々を過ごし、敵地に到着すれば予め占領された港湾や海岸地帯より舟艇に分乗して上陸を行ない、爾後は陸路を用いて戦場へ赴くほか、戦局によっては輸送船より舟艇に乗り移り直接敵地への上陸を敢行する「敵前上陸」が行なわれた。

第3話

出征部隊の装備と上陸

服装、背嚢、武器、機材等の「出征部隊の装備」や、陸軍部隊が輸送船に乗船した際の「生活と警戒」、そして、敵地に対する「上陸」を紹介する

出征部隊の装備

出征部隊の兵員の装備を、昭和十二年前後の歩兵の下士官・兵と将校を例として以下に示す。

出征に際しての下士官・兵の服装は、下着である「褌」の上から「袴下（ズボン下）」と「襦袢（シャツ）」と「靴下」を着用してから、「軍袴（ズボン）」と「軍衣（ジャケット）」を着用して頭部には「軍帽」ないし「略帽（通称「戦闘帽」）」を被る。

装備は左肩より右後腰に「雑嚢」と「水筒」を重ねて背負い、腰には「弾薬盒《だんやくごう》」と呼ばれる弾薬ポーチと「銃剣」をつけた「革帯《たいかく》」と呼ばれる皮製ベルトを巻き、「背嚢」を背負い、化学戦に備えて「防毒面《ぼうどくめん》（ガスマスク）」を収めた「被甲嚢《ひこうのう》」と

支那事変下に大陸に到着した内地からの増援部隊を乗せた輸送船。輸送船の甲板上には増設された「急造厠」が見られる

よばれる防水布製のガスマスクポーチを右肩から左脇下の位置に掛ける。

通常の場合「背嚢」の外周には「外套」と「携帯天幕」と「飯盒」のほかに、「鉄帽（ヘルメット）」と「携帯円匙《えんぴ》（スコップ）」や「小十字鍬《しょうじゅうじしゅう》（小型つるはし）」等の携帯工具を装着し、「背嚢」の内部には「背嚢組入品」と呼ばれる規定に準じた物品を収納する。

「背嚢組入品」は通常、着替用の「襦袢」と「袴下」一組、「靴下」二組、「被服手入具」、「携帯口糧」二日分（六食分）と私物若干であり、「雑嚢」の収納スペースと組み合わせて必需品を分散携行した。「携帯口糧」は補給停滞時の食料であり、

「携帯口糧―甲」と「携帯口糧―乙」の二種類を携帯した。
「携帯口糧―甲」は「白米」六合（三食分）と副食の「牛肉缶詰」一個であり、「携帯口糧―乙」は「乾麺麭《かんめんぽう》（カンパン）」三食分であった。これらの「携帯口糧」は兵員各自の判断での喫食は禁じられており将校の許可が必要であった。

一般的な外征の場合は、「背嚢」には「外套」と「携帯天幕」を装着するのみであり、降雨に際しては「雨外套（レインコートのことであり「外被」「夏外套」等の別称もある）」の替わりに「携帯天幕」をマント状に羽織ることで雨を防ぐスタイルを採用しているが、出征する作戦地域の気候・風土により部隊単位で適宜に背嚢への装着品は指示された。

たとえば寒冷地で常時「外套」を着用する地域の作戦では、「背嚢」の周囲に「毛布」と「携帯天幕」を装着するほか、梅雨時期や定期的降雨が予想される熱帯地域の作戦では、「背嚢」に「毛布」「携帯天幕」「雨外套」のほかに、露営時に湿潤した地面に敷くための「防水敷布」と呼ばれる防水シートを併せて携行する場合もあった。

また短期間の戦闘行動のために「背嚢」を用いない場合には「背負袋」が用いられたほか、「携帯天幕」を応用して「背負袋」の代替とする場合もあった。

これらの装備品の総重量は合計して三十キロにもなり、当時より「装備八貫目（一

「ジャコブスラダー（通称「ジャコブ」）」と呼ばれる縄梯子で輸送船より上陸用の艀に乗り移る歩兵。垂直な梯子を降りるため歩兵銃を肩に担ぎ、「背嚢」には増加食料や弁当類を収めた袋をぶら下げている

貫＝三・七五キロ）」と呼ばれていた。

武器は「三八式歩兵銃」と「三十年式銃剣」を携帯し、銃剣は「帯革《たいかく》」と呼ばれる革ベルトの左腰脇部分につける。

弾薬は小銃手では一名当たり百八十発の小銃弾を携帯する。「三八式歩兵銃」に用いられる口径六・五ミリの「三八式実包」は五発がワンセットで装弾子と呼ばれる金属性クリップに挟まれており、このクリップ三組（計十五発）ごとに防水紙製の「紙《し》函《かん》」と呼ばれる紙箱に収められている。

弾薬は百二十発を腰の「帯革」の前部に付けた皮製弾薬ポーチである、二つの「前《ぜん》盒《ごう》」に各三十発（各「紙函」二個ずつ）、後部に付けた「後盒《こうごう》」に六十発（「紙函」四個）で携帯するとともに、六十発（「紙函」四個）は「背嚢」ないし「雑嚢」に収める。

将校の装備は、「袴下」「襦袢」の上から「軍袴」「軍衣」を着用し、「軍袴」の腰部分に「略刀帯」と呼ばれる佩刀用のベルトを巻いて左腰に「軍刀」を吊る。

将校は「図嚢《ずのう》」と呼ばれるマップケース、「水筒」「双眼鏡」と自衛用の「拳銃」を携帯し、平時の演習と異なり「将校用背嚢」を負うことはまれであり、長期作戦に際しては「飯盒」等は「当番兵」が携行するほか、「防毒面」「鉄帽」は私物ではなく官給品を用いた。

また着替えや私物は「将校行李」と呼ばれるトランクに収めて「聯隊本部」隷下に編成される「大行李《だいこうり》」と呼ばれる糧秣・機材を専門に運搬する兵站部隊が輸送を行なう。なお弾薬は「小行李《しょうこうり》」と呼ばれる輸送部隊が輸送を行なった。

輸送船上の生活と警戒

陸軍部隊が輸送船に搭乗すると、各輸送船単位で搭乗した陸軍部隊を統率する目的で、将校の中から「輸送指揮官」が任命されるとともに、船内での諸勤務・日課時限・火災予防・給養・衛生をはじめとする内務に関する事項を規定した。

このほかに船内の規律・風紀維持の目的で平時の兵営での「風紀衛兵」と同様に、「日直将校」一名と中隊単位で「日直下士官」一名が隷下部隊の「衛兵」を指揮して船内の巡察を行なった。

輸送船では船室は将校が用いて、下士官・兵は船倉内に蚕棚状の居住空間を仮設して、同じく馬匹は「馬欄《ばらん》」と呼ばれる馬匹の収容スペースを船倉底部に特設するとともに、既存の炊事場と便所では搭乗した将兵の人数に対応できないため、甲板上に木製の「急造炊事場」と「急造厠（便所）」と、飲用と生活用の清水を入れた「鋼製水

「小発」を用いた上陸の様子。安全が確保された地帯での上陸のために上陸作業を支援する写真手前に写る「泊地作業員」たちは上衣を脱して「水筒」のみの軽装である

槽」を特設する。

通常、陸軍の輸送船は海軍サイドより派遣された海軍艦艇の護衛を受けるため、陸軍サイドでの自衛措置をとるケースは少なかったが、「支那事変」以降は敵の航空勢力下での航行の場合は護衛艦艇がある場合でも、輸送船の搭乗部隊が保有する「重機関銃」等で対空射撃部隊を編成するとともに、従来以上に対空・対水上の見張要員を増加するようになり、状況によっては船首・船尾に「高射砲」を置いた「特設砲座」を設置して「船舶砲兵聯隊（「船舶砲兵聯隊」の前身）」から警戒要員が派遣さ

れた。

「大東亜戦争」勃発後になると、航空機に対する対空警戒のほかに潜水艦に対する対潜警戒も必須事項となり、輸送船には「高射砲」「高射機関砲」のほかに、浮上した潜水艦に対応するために「野砲」が搭載されるようになり、状況に応じては「爆雷」の搭載も行なわれており、これらの搭載兵器を操作するために多くの「船舶砲兵」部隊が編成されて輸送船に乗り込んだ。

また沈没等の海難事故に際して搭乗将兵の人数分の「救命胴衣」が準備されるとともに、非常時にそなえて船上では定期的に退船訓練も行なわれており、「大東亜戦争」後半の制海権の損失時期になると、物資難からの「救命胴衣」の慢性的な不足により急造の「竹製救命胴衣」が用いられたほか、正規の「救命艇」の代替として多数の「竹筏」が輸送船の各所に搭載されるようになった。

上陸

敵地に対する上陸には、通常の上陸と敵前上陸の二つがある。

通常の上陸は、予め「海軍部隊」ないし陸軍の「先遣部隊」が占領・確保した港湾や海岸に上陸する方法であり、多くの場合は輸送船を直接に岸壁に接岸させてタラップや梯子で上陸する方法ないしは、輸送船より上陸用のボートや艀等に乗り換えて上陸する方法であり、後者の場合は機動艇と呼ばれる動力付舟艇で数隻のボートや艀を牽引するケースが多い。

敵前上陸の場合は、上陸地点の沖合で輸送船より将兵は縄梯子でボートに乗り移り、輸送船搭載の機動艇は複数のボートをロープで牽引して上陸地点をめざし、上陸地点手前でロープを切りはなし、後はボート内の将兵がオールを漕ぎながら敵地に強行上陸を行なうのが主体であり、作戦の特性上から敵の阻止火力による犠牲者はつきものであった。

後の昭和期になると大正期の研究成果により、日本陸軍は本格的「上陸用舟艇」の

上陸作戦時の「背嚢」を除いて、代替としてそれぞれ「背負袋」「携帯天幕」「風呂敷包」と「外套」を身体に装着する場合の装着方法を記した一葉。写真には「背負袋＋外套」「携帯天幕＋外套」「風呂敷包＋外套」の 3 種類の装備をした場合の正面と背面が写されている

嚆矢である「小発《しょうはつ》（「小発動艇」の略）」と「大発《だいはつ》（「大発動艇」の略）」を装備するようになり、効率的な敵前上陸が行なわれるようになったほか、通常の上陸や海上輸送等も精度が向上した。

上陸の中でも強襲作戦となる「敵前上陸」では、将兵の軍装も正規とは異なる特異な格好となる場合がある。「敵前上陸」の場合、海岸地帯の水辺での足捌《さば》きの良さから「編上靴」に替わり、「地下足袋」を用いたり、重量のある「背嚢」に替わり軽便に動ける「背負袋」が多用されるほか、状況に応じて上陸後に敵地内陸部まで強行軍を行なう場合は、過分な食糧・弾薬を増加して携帯するために、制式の「背嚢」に替わり「携帯天幕」を応用して「背負袋」とする場合もあり、この場合には「背嚢」は後送となる。

第4話　行軍

「戦闘準備行軍と普通行軍」
「強行軍」「急行軍」「夜行軍」等、
戦闘行動のベースとなる各種「行軍」を紹介する

行軍

戦時における「行軍」は作戦行動の基礎であり、陸軍戦闘部隊にとって「戦闘」と並ぶ重大要素であった。

「行軍」は戦闘部隊の集まる集結地より敵主力との雌雄を決する戦闘である「会戦」が行なわれる戦場まで原則として「中隊」単位で行なわれるものであり、その間に落伍者や負傷者・病人を出すことなく決戦地点まで無事に健全な状態で「中隊」の全将兵を送り込むことを主眼としており、これを完遂するために「行軍軍紀」と呼ばれる速度と時間を厳格に管理した規定により行軍が行なわれた。

通常の行軍は、将兵の行軍速度を一時間に四キロを基準として「正常歩」と呼ばれ

「支那事変」下の昭和 14 年に広大な中国大陸を行軍する「第一〇九師団」の将兵を写した一葉。「強行軍」のために「背嚢」を下ろした将兵は、「背負袋」を背負うとともに増加装備携行のために「携帯天幕」で背負袋を急造して背負っている

る七十五センチの歩幅を刻みつつ五十分で四キロの距離を徒歩機動により走破して、残りの十分間を「小休止」と呼ばれる休憩時間にあてるものであり、聯隊規模での大部隊での行軍の場合は一日に六時間の行軍で日速二十四キロの前進を基準とした。

日本陸軍は、装備優良な部隊では「自動貨車（トラック）」により機械化された自動車部隊もあるが、基本は徒歩機動をベースとしており、師団規模の作戦における「師団機動」と呼ばれる「機動」

は、「機械科歩兵」による「機械化機動」ではなく「徒歩歩兵」による「徒歩機動」であった。

戦闘準備行軍と普通行軍

「行軍」には「戦闘準備行軍」と「普通行軍」に二大別されており、具体的な行軍方法には「強行軍」「急行軍」「夜行軍」「耐熱行軍」「耐寒行軍」があった。

以下に行軍の基本ベースとなる「戦闘準備行軍」「普通行軍」について示す。

「戦闘準備行軍」は敵と接触する可能性が大きいときに行なわれる行軍であり、行軍する本隊の前後左右に「前衛」「後衛」「右側衛」「左側衛」と呼ばれる「警戒部隊」の設置とあわせて、空襲に備えた「対空射撃部隊」と、敵戦車に備えた「対戦車部隊」を配置するなど、戦闘準備をととのえて行なう行軍である。

「普通行軍」は敵との接触の恐れのない場合に行なわれる行軍である。天候・気候・地形や将兵の衛生状況と疲労度を顧慮して行なう行軍であり、「戦闘準備行軍」に対して別名「旅次行軍」とも言われる。

行軍の基本的なスタイルとしては、宿営地で起床後に朝食をとり昼食を準備の後に、一時間に四キロの基本速度での五十分の「行軍」と十分間の「小休止」と呼ばれる休憩を繰り返しつつ行軍を行ない、昼食は「大休止」と呼ばれる一時間の昼食兼休憩を挟んで、午後の行軍に移り、夕方前に次の宿営地に到着して宿営準備・装備点検・武器手入・夕食準備等を行なうスタイルである。

行軍に先立ち、「大便」は出発前に必ず行なうように心がけ、「軍靴」の手入れは念入りに行なうとともに「巻脚絆」を確実に装着して、靴擦れ防止のために「靴下」の皺を伸ばして着用し、ズレ予防のために「袴下」「襦袢」も鼠蹊《そけい》部、脇下、腰部に皺《しわ》が無いように着用する。また「背嚢」は内部の入組品と外部の装具類の重量配分を左右均等にすることで動揺と両肩への負担を減少させるようにして、降雨が予想される場合は予め兵器類の鉄部分に多めに塗油する。

休憩時は、通過部隊の障害にならないように路傍を塞がない位置での休憩を行なうとともに、被服・装具をととのえる。大休止の時は「水筒」の補給と「軍靴」を脱いで足の手入れを行ない「巻脚絆」の巻き直しをすることが奨励されていた。

行軍に際しては、道路の歩行区分は原則左側通行を維持して行ない、出発後に『途《みち》歩《あし》』の号令がかかれば、歩調をとることなく各人は自己のペースでの歩行が可能であ

行軍形態一覧

基本の行軍形態	戦闘準備行軍
	普通行軍
具体的な行軍形態	強行軍
	急行軍
	夜行軍
	耐熱行軍
	耐寒行軍

り談笑等も自由で、また銃は左右どちらの方に担ってもよく、「負革」で肩から吊ってもよかった。正規の行軍に戻る場合は『歩調とれ』の号令で今までの「途歩」より歩幅を「正常歩」に戻すとともに、銃を右肩に担ぎなおす。

また行軍の際の規律維持として「行軍軍紀」がある。これは士気の向上と、人馬の衛生、車両・機材の保護により、行軍力を保持して確実な行軍の実施を行なうために厳格な軍紀を維持することであった。

具体的な行軍

「戦闘準備行軍」「普通行軍」につづいて、具体的な行軍である「強行軍」「急行軍」「夜行軍」「耐熱行軍」「耐寒行軍」について示す。

これらの各種行軍は作戦の状況により、「夜間強行軍」「耐寒強行軍」等と適宜に組み合わせて流動的に変化する戦場で合理的に運用された。

強行軍

「強行軍」は日々の行程を増加して行なう行軍の総称であり、状況に応じて「大休止」「小休止」といった休憩時間と、休養のための「睡眠時間」を短縮するとともに、昼間のほかに夜間にも行軍を継続させるスタイルの行軍である。

吹きすさぶ黄砂の中を行軍する輜重隊の縦列。すでに道路には前進する車馬による轍の痕が残りはじめており道の悪さとあわせて、「支那事変」では天気が晴れれば黄砂が舞い上がり、雨が降れば道はたちどころにぬかるんだ泥道に一変する広大な戦場で、日支両軍の決戦死闘が繰り広げられた

急行軍

「急行軍」は作戦の必要上から制限内の短時間で必要地点への到達を目的とした行軍であり、一時間あたりの行軍速度を増加させるほか、通常の規定されている休憩時間を減少させる行軍であり、状況によっては夜間行軍を併用する「夜間急行軍」を行なう場合もある。

また戦局の状況に応じて、作戦参加部隊の将兵の負担量軽減を目的として「背嚢」等を外す場合もある。

戦況に応じて作戦部隊の行軍速

度を増加させる場合には、指揮官の『早足《はやあし》』の号令によって通常の時速四キロの行軍速度を時速六キロにアップした行軍である「早足行軍」や、『駈足《かけあし》』ないし『早駈《はやがけ》』と号令をかけて駈足を行なう「駈足行軍（別名「早駈行軍」）」を通常の徒歩行軍と交互に混ぜるケース等もあった。

夜行軍

「夜行軍（別名「夜間行軍」）」は夜間に行なわれる行軍であり、作戦企図を秘匿する場合や、圧倒的な航空機・戦車等の支援を受けた敵の絶対勢力下に隠密に行なわれる行軍である。

また夏季や炎熱期の熱気を避ける目的や、作戦の目的で緊急移動・急速移動のための「強行軍」「急行軍」の延長で「夜間強行軍」「夜間急行軍」として行なわれるケースもある。

「夜行軍」は疲労が増大するほか、夜間行動による進路の誤認や渋滞が発生しやすいため、「誘導員」と「連絡兵」を主要通路に置くとともに、利用しない道路の分岐点は誤進入を防ぐために閉鎖する。

大休止の様子であり、「背嚢」をはじめとする装備を外して、武器である「三八式歩兵銃」を叉銃して、食事に入る直前の一葉である。写真には大陸特有の風に舞う黄砂が写りこんでおり、大陸の広大さを示す一葉でもある

耐熱行軍

「耐熱行軍」は夏季や熱帯地で行なわれる行軍であり、とくに「暍病《えつびょう》（日射病）」に対しての注意が喚起されており、水分の摂取・十分な食事と睡眠をとるとともに、行軍中は適宜に「軍衣」の襟部分を開いたり「軍衣」を脱するほか、「軍帽」や「略帽」に「垂布《たれふ》」とよばれる日除を付けて直射日光よりの後頭部の保護を行なった。

とくに日本陸軍のトレードマークともされる、通称「戦闘帽」と呼ばれた「略帽」の後部に取り付けられた日除けである「略帽垂布《りやくぼうたれふ》」は、通称「帽垂《ぼうたれ》」と呼ばれた。

また水筒に入れる浄化された飲料水の常時補給と、食中毒予防の見地より食品の防腐対策に注意が払われた。食物の腐敗対策として米飯に醤油や酢を入れて炊いたり、梅干を入れることは効果的である半面、酢や梅干の酸による飯盒の腐食に対する注意として梅干を飯盒の側面に密着させないように飯の中に埋めたり、酢飯を竹皮等で包むなどの対応がとられた。

耐寒行軍

「耐寒行軍」は寒冷地で行なう行軍であり、とくに凍傷と凍死に対する注意が払われた。

身体の各部を常時動かすように注意して、とくに凍傷にかかりやすい「手足」「耳」「鼻」等は摩擦することで血液の循環を良くするとともに、休憩時に湿潤した「下着」「手袋」「靴下」の交換・乾燥と身体の異常確認を行なう。

凍傷の自覚症状のある場合は、火で直接温めることは厳禁とされ、氷塊で凍傷部分を摩擦して復元を行なうとともに「軍医」の診察を受けるようにして、また金属類の素手での接触は厳禁とされたほか、用便時等の「軍袴」の釦《ボタン》の締め忘れなど防寒被服の着用方法の注意徹底も図られた。

また「水筒」と「飯盒」の凍結に注意をはらい、「水筒」の水は七〜八分目を目途として注入するとともに凍結防止目的で熱湯以外に砂糖湯や食塩湯や白湯の利用が奨励された。

具体的な凍結防止方法としては、出発直前に焚きたての米飯を飯盒に詰めたり、飯は醤油を入れて炊いたり、一合ずつの円形の二個の「握飯」にする方法のほか、状況に応じて「水筒」「飯盒」を「外套」の下に装着したり「背嚢」等の中に入れて直接外気との接触を遮断するほか、「水筒」「飯盒」に毛皮の付いた「水筒覆」「飯盒覆」を装着した。

大休止の折に、食後の睡眠をとる将兵。通過部隊のために道の中央をあけており、写真左の兵員は「編上靴」を脱いで靴底にこびり付いた土を木片で取り除いている。また軍用靴下の特徴である寸胴型の形状が良くわかる一葉でもある。将兵は夏季の行軍のためにプロトタイプの「試製防暑帽」を被っている

第5話

歩哨と斥候

戦場でまず初めに軍隊が行なう行動である「歩哨」及び、警戒及び敵情を調べる各種「斥候」（行軍間、追撃、駐軍間、敵宿営地、潜伏間、戦闘間等）を紹介する

歩哨

戦場で一番最初に軍隊が行なう行動は「警戒」と「偵察」であり、全般的な「警戒」任務には「歩哨」があてられた。

「歩哨」は「駐軍《ちゆうぐん》」と呼ばれる軍隊が駐屯地にいる場合や、「行軍」間での「休憩」や「露営」の際に部隊より人員を抽出して編成・派遣される警戒要員であり、この「歩哨」のシステムには一般的に各「中隊」規模で編成されるケースとあわせて、大規模な部隊では「中隊」規模で部隊の最前線を警戒する「前哨中隊」より「小隊」以下の「歩哨」要員を抽出して、部隊前面の重要警戒方面に警戒拠点である「小哨」を設置するとともに、その隷下に「分哨」とよばれる独立した警戒ポストを複数設置し、

「支那事変」下の歩哨の一例。行軍間の小休止の折に丘の上に立ち警戒する歩哨の姿が写されている

併設して「分哨」周辺に「斥候」と呼ばれる偵察隊を出して警戒を行なうものであった。

この「小哨」は将校ないし下士官を「小哨長」として、その下にある「分哨」は右から順番に「第一分哨」「第二分哨」と連番で呼ばれ、「分哨」は下士官ないし上等兵を「分哨長」として総員四名から七名で編成される。

歩哨は一名が通常一時間交代の三直勤務が基本とされていたが、重要警戒の場合は歩哨の数を二名以上の「複哨」として二〜四名の歩哨が警戒についた。部隊によっては一名の歩哨を「単哨」ないし「一名立」、「複哨」の場合は立つ人数により「二名立」「三名立」等と呼ぶケースもあった。また「前哨中隊」の将校ないし下士官は各「小哨」と「分哨」間の巡察である「将校巡察」「下士官巡察」を適宜に行ない警戒と情報収集を行なった。

「歩哨」の展開位置は、視界が広く敵情の監視しやすい地形である半面、敵サイドと上空の航空機から可視されにくい場所を選び、状況により遮蔽と偽装をほどこす。

「歩哨」の携帯品は、「小銃」「銃剣」のほかに「手榴弾」と敵情監視のための「双眼鏡」、状況により「軽機関銃」と信

「支那事変」下の昭和 13 年 4 月より発動された「徐州作戦」にて、同年 5 月に斉寧に向かう「第十六師団」の将校斥候。写真左端の兵員は「六号無線機」を背負っており、その後ろには「斥候長」である将校が見られる

号弾発射用の「擲弾筒」「信号拳銃」と対戦車用の「戦車地雷」を携帯した。

「歩哨」は不審者を発見した場合は「誰か」と三回問いかけて返事が無い場合は、その対象を小銃による射殺ないし銃剣による刺突ないしは捕獲を行ない、二名以上で「歩哨」勤務の場合は一名はすぐさま「分哨」に連絡に行く。

斥候

戦場での「警戒」に続く作戦行動は敵の動向を探るための「偵察」であり、航空部隊の「偵察機」による航空偵察があるほか、上陸した部隊が「軍」のレベルでの偵察行動を行なう。

この「軍」レベルの偵察では『軍の耳《じ》

「支那事変」下の昭和 13 年 10 月より発動された「広東攻略戦」にて、陸軍に協力する海軍の「九五式水上偵察機」。偵察結果は無線によるほか、「通信筒」の投下によって直接地上部隊に伝えられることもあった

昭和13年12月より「北支那方面軍」が北支で発動した討伐作戦である「Ｓ作戦」での「第百九師団」隷下の「谷中支隊」の「自動車斥候」

市街地での家屋屋上からの警戒と偵察要領。家屋の屋根の稜線を利用して可能な限り身体を隠す要領が示されている

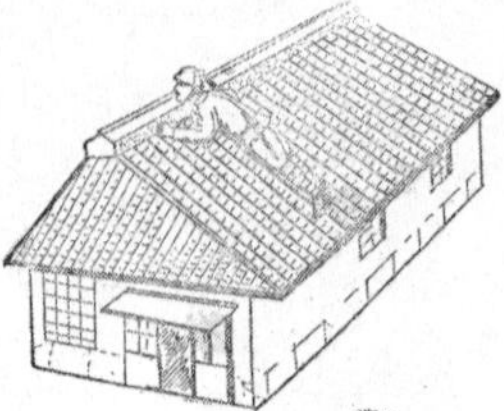

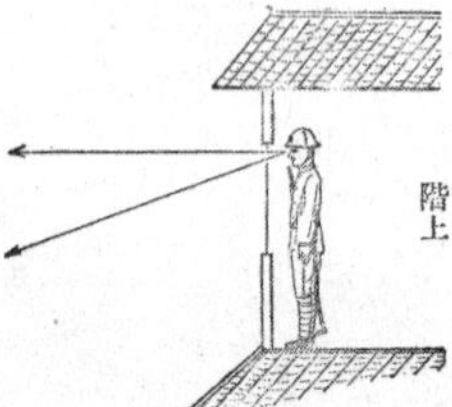

家屋内部からの警戒と偵察要領。窓は全開にせずに少しだけ空けるか、状況により壁に穴を開けて視察を行なう

地形を利用した警戒と偵察要領。土手を利用して身体の大部分を遮蔽するとともに、樹木間からの敵情監視の要領

目《もく》』と呼ばれた「騎兵聯隊」隷下の「騎兵」が偵察の任に当たり、当初は乗馬が主体の騎兵も逐次に機械化により「装甲車」「軽戦車」等を用いるようになる。

また発動された作戦行動のために行軍を開始した各部隊では、部隊レベルで行軍する部隊の前方に「前衛」と呼ばれる警戒部隊を出して進路を警戒するとともに、その「前衛」の前に「斥候」と呼ばれる偵察部隊を出して警戒と敵情を調べる。

この斥候の任務は原則として広域の斥候・偵察は「騎兵」があたり、兵団規模の前進では「前衛部隊」のなかから「歩兵」がその任務にあたった。なお用語面では「斥候」は偵察行動を意味する場合と偵察部隊を意味する二種類の使われ方をした。

「斥候」の編成スタイルには「将校斥候」と「下士官斥候」と「斥候」の三種類があった。

「将校斥候」は斥候の長である「斥候長」を将校が務めるケースであり重要な戦局の偵察の場合に派遣されるケースが多く、通常の斥候の場合は下士官が「斥候長」を務める「下士官斥候」ないし「上等兵」もしくは「兵」が斥候長となる「斥候」が主流であった。

「斥候」の兵科別のカテゴリーとしては兵科名を冠して「歩兵斥候」「戦車斥候」「騎兵斥候」「砲兵斥候」「工兵斥候」等がある。

また徒歩・乗馬・乗車の区分では、徒歩による「徒歩斥候」のほかに、「馬」で行なう「乗馬斥候」や機械化部隊での機械化車両を用いた「乗車斥候」もあり、状況により「戦車」を用いて強行偵察も行なわれた。

これらの部隊が敵前で馬ないし自動車から降りての偵察の場合は「下馬（徒歩）斥候」「下車（降車）斥候」と呼ばれる。

斥候の行動は隠密を基本として、敵に発見されないための偽装を施して秘密裡に行動し、敵と出会った場合は状況を機敏につかんで全力で後退するか、敵が少数の場合はこれを撃滅して偵察をつづける。

作戦行動のシーン別では斥候の種類としては次のような、「行軍間の斥候」「追撃の斥候」「撤退の斥候」「駐軍間の斥候」「敵宿営地の偵察」「駐止斥候」「潜伏斥候」「戦闘間の斥候」「地形偵察」「ガス斥候」がある。

以下に「行軍間の斥候」「追撃の斥候」「撤退の斥候」「駐軍間の斥候」「敵宿営地の偵察」「駐止斥候」「潜伏斥候」「戦闘間の斥候」「地形偵察」「ガス斥候」を解説する。

行軍間の斥候

「行軍間の斥候」は部隊が行軍中に行なう斥候であり、「路上斥候」と「側斥候」に大別される。

「路上斥候」は行軍の先端を進む前方警戒のための前衛部隊より派遣される斥候であり、前進する部隊の進路警戒の任務につき、状況に応じて「路上斥候」よりさらに前方警戒のために「先遣斥候」と呼ばれる長距離の偵察隊が派遣される場合もある。
「側斥候」は行軍する部隊の側面を警戒する斥候他であり、主力部隊の側面を迂回しつつ側面警戒を行なう部隊であり、山岳戦や谷間等の狭隘箇所の通過などでは敵の待ち伏せや奇襲攻撃に備えるうえで「路上斥候」以上に重要な任務の部隊である。

斥候の種類と詳細

編成別	将校斥候 下士官斥候 斥候
兵科別	歩兵斥候 戦車斥候 騎兵斥候 砲兵斥候 工兵斥候
徒歩・乗馬・乗車の区分	徒歩斥候 乗馬斥候 乗車斥候
作戦行動別	行軍間の斥候 追撃の斥候 撤退の斥候 駐軍間の斥候 敵宿営地の偵察 駐止斥候 潜伏斥候 戦闘間の斥候 地形偵察 ガス斥候

追撃の斥候

「追撃の斥候」は、撤退する敵に追従しながら敵の状況を探る斥候であり、この際に敵の逆襲部隊・待伏部隊の存在を察知・報告するとともに、撤退する敵による道路・鉄道・橋梁等の破壊状況を調べる。

撤退の斥候

「撤退の斥候」は、退却時に後退する「本隊」を守る目的で後方を警戒援護する「後衛（別名「殿軍《でんぐん》」）」から出される状況偵察のための斥候であり、偵察という斥候本来の目的と併設して、敵斥候の接近妨害・撃滅と撤退路にある道路・橋・トンネル等を破壊ないしバリケードで封鎖したり、敵の追跡部隊を欺瞞行動により違う方面へ誘導したり待伏地点へ導く任務があった。

駐軍間の斥候

「駐軍間の斥候」は軍隊が一定期間とどまることを意味する「駐軍」時に行なわれる斥候であり、作戦のための「行軍」をやめて宿営地に到着した場合や、戦場で警備のために特定の地域に駐屯した場合に、前述の宿営地や駐屯地の警備のための「歩哨」とあわせて周辺警戒に出される偵察部隊である。

敵宿営地の偵察

「敵宿営地の偵察」は敵の宿営地に潜入して敵情の詳細を探る斥候であり、とくに敵の司令部・本部・砲列・兵站施設等の掌握に重点が置かれたほか、あわせて敵サイドの兵器・装備・士気等の偵察も行なわれた。

駐止斥候

「駐止斥候」は一ヵ所に停止して敵情を監視する斥候であり、部隊が移動の「行軍」から停止の「駐軍」に移る際に、「歩哨」の設置に先駆けて派遣される歩哨援護の斥候である。

また敵に近い場合や敵との不規遭遇や奇襲を予測した場合は、「駐軍」している場所より派遣される「歩哨」が警戒する「歩哨線」より前進して敵情を監視する場合もある。

潜伏斥候

「潜伏斥候」は敵陣地や敵地に潜伏する斥候であり、情報取得のために敵兵を捕獲する「敵を捕獲する斥候」と、敵陣地や通過地点に潜伏して敵の動静を監視（この行動を陸軍では「斥候偵察」を略して「斥察」と呼称した）する「敵の動静を斥察する目的の潜伏斥候」の二つがあった。

戦闘間の斥候

「戦闘間の斥候」は戦闘中の各状況下で行なわれる斥候であり、攻撃戦闘ないし防御戦闘の開始前では敵の斥候の撃滅・敵陣地の状況を調べ、攻撃戦闘ないし防御戦闘の開始後は敵情偵察・地形偵察とあわせて、正面以外にも側面・背面からの敵の反撃・

逆襲を警戒する。

地形偵察

「地形偵察」は作戦地域が軍隊の通過が可能かを偵察する斥候であり、大別すると部隊の通過道路を調べる「道路の偵察」と、渡河が可能かを調べる「河川の偵察」がある。

ガス斥候

「ガス斥候」は化学戦の時に行なう斥候であり、ガス攻撃を予期する地域ないし、すでにガスが散布された地域の状況を偵察する斥候であり、このほかにもガス攻撃後に消毒を行なった地域の消毒状況の確認も任務にふくまれていた。

第6話 伝令と連絡兵

「伝令の方法」「伝令の速度」「伝令の動作」「連絡兵の動作」等、偵察結果及び本部からの各種連絡事項を、関係部隊へ兵員を用いて伝達する「伝令」や、二つ以上の部隊が部隊間の連絡を目的として、斥候・伝令の任務とリンクした「連絡兵」を紹介！

伝令

斥候・偵察部隊の偵察結果・戦況報告や、本部よりの各種命令・連絡を関係部隊へ兵員を用いて伝達することを「伝令」という。

陸軍では、「伝令」を発信するものを「発信者」と呼び、伝令を受ける者を「受信者」と呼んでおり、この「伝令」が伝達する通信内容には「命令」「通報」「報告」の三種類があった。

「命令」は、上級者から下級者に対して自己の意思と下級者へ任務を付与するとともに、その行ないに服従することを求めることであり、「命令」には「作戦命令」と「日々命令」の二種類があった。「作戦命令」は作戦行動を規定するための命令であり、

「日々命令」は戦場の部隊での内務や補給・補充をはじめとする直接戦闘に関係しない事項に対する命令であった。

「通報」は、指揮系統の上下に関係なく、相互に必要な事項を通知することである。

「報告」は、任務を負担している者から、任務を命令した上級者に対して必要な事項を報告することである。また命令系統の中で下級者が上級者に対して任務事項を通報することもあった。

伝令の方法

伝令の方法にはスタンダードな徒歩による「徒歩伝令」、乗馬による「乗馬伝令」、自転車による「自転車伝令」、自動車による「自動車伝令」の四種類があり、「野戦電話機」や「無線通信」といった「有線」「無線」が発達した昭和期以降も、シンプルかつ確実な「伝令」は戦場では作戦遂行のために重要な連絡手段であった。

具体的な伝達方法としては「口上《こうじょう》伝達」と「筆記伝達」と「印刷伝達」の三種類があり、「口上伝達」は口頭での伝達、「筆記伝達」は筆記した用紙による伝達、「印刷伝達」は印刷物による伝達であり、実戦では「口上伝達」と「筆記伝達」が多用さ

伝令速度一覧

区　分	並	急	至急
徒歩伝令	約時速5キロ	約時速6キロ	最大速度
乗馬伝令	約時速8キロ	約時速10キロ	最大速度
自転車伝令	速度は適宜に定めるか、到着時間を規定		
自動車伝令			

れた。なお状況に応じて「筆記伝達」と「印刷伝達」を併せて「書簡伝達」と区分して、伝令方法を「口上伝達」と「書簡伝達」と区分するケースもある。

「口上伝達」で伝令を行なう場合は、内容の誤達防止の目的で出発前と帰還後に伝令は命令者に対して伝達内容の復唱を行ない伝達内容の確認を行なった。

「筆記伝達」は筆記した書簡を「伝令」が送致することであった。

伝令の速度

伝令の伝達速度には、通常の場合の「並」、急ぎの場合の「急」と、緊急の場合の「至急」の三種

「支那事変」下の大陸で、連絡任務につく「連絡兵」の一葉。見晴らしの良い広漠地を進むために「偽装網」と呼ばれたカモフラージュネットを用いて身体偽装を施しており、「鉄帽」は被らずに背中に背負っている

「支那事変」下の大陸で連絡訓練中に写されたスナップ写真。3名の「連絡兵」のうち中央が「連絡長」である

類があり、伝令用の陸軍規定の専用封筒を用いる場合は封筒の裏面に連絡速度を示す「並・急・至急」の選択記載欄があり、その欄中で丸印にて選択指示された速度での伝達が行なわれた。

「徒歩伝令」は、「並」では早足の時速五キロ、「急」では早足と駈足を併用しての時速六キロ、「至急」は伝令の体力に応じてなるべく迅速な速度とされた。

「乗馬伝令」は、「並」では早足の時速八キロ、「急」では時速十キロ、「至急」では馬匹の体力に応じてなるべく迅速な速度とされた。

「自転車伝令」と「自動車伝令」の伝達速度は、「並」「急」「至急」のいずれも適宜

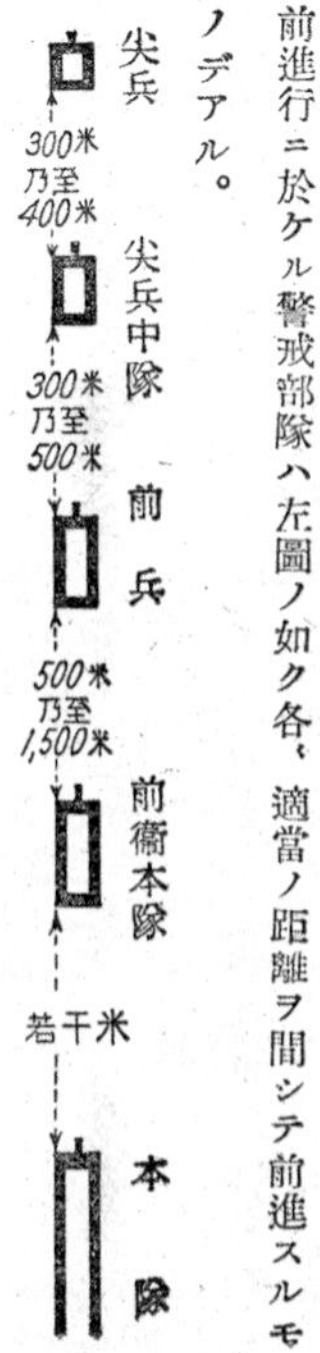

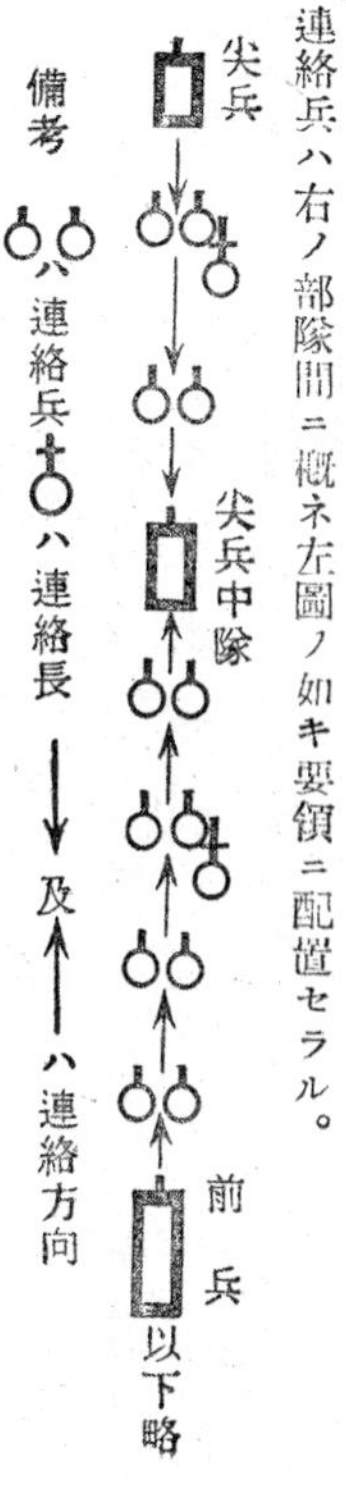

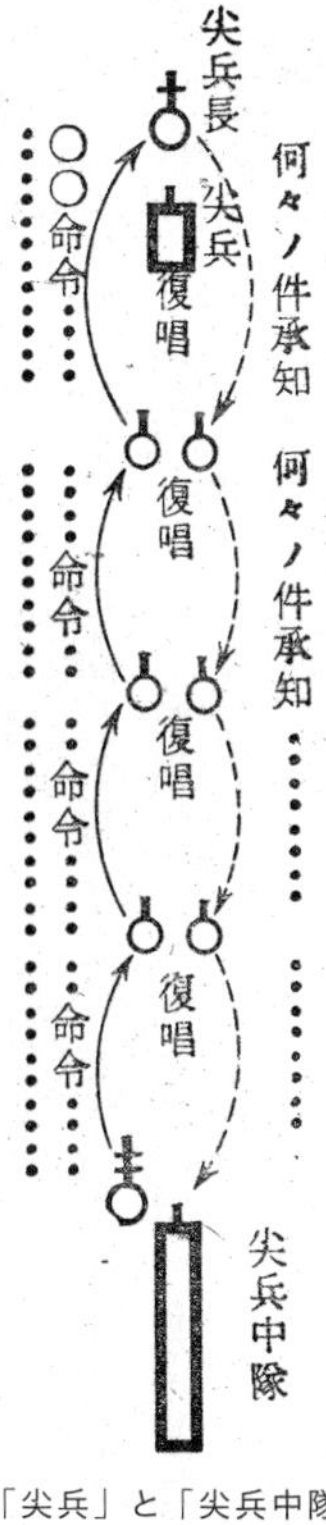

「警戒行軍」の場合の「本隊」と、前方警戒のために派遣される「前衛本隊」「前兵」「尖兵中隊」「尖兵」のイメージ図

「前兵」と「尖兵中隊」と「尖兵」の間をつなぐ「連絡兵」の配置要領図

「尖兵」と「尖兵中隊」との「連絡兵」による「逓伝」のイメージ図

に速度を規定するか、連絡先への到着時間をもって規制した。

通常伝令は「中隊長」ないし「小隊長」付の当番兵が伝令を兼務するケースが多く、分隊規模で作戦中に伝令が必要になった場合は「分隊長」が適宜の部下を指名して伝令の任務につける。

伝令の動作

伝令は指定された速度を守りつつ、任務中に遭遇する上級者に対して敬礼等を行なわないで、この場合は歩速を変えずに「伝令」と言って停止することなく通過を行ない、目的地に到着した場合は速やかに「受信者」を訪ねて伝達を行なう。

伝達に際して「口上伝達」の際はまず、受信者の名を呼んでから、つぎに命令の種類と通報ないし報告の区分と発信者名を述べてから伝令内容を報告し、「筆記伝達」「印刷伝達」の場合は封筒に捺印ないし署名の受領書を受け取り帰途につく。

帰還した伝令はただちに発信者に対して帰還の報告を行なうとともに、「筆記伝達」「印刷伝達」の場合は受領書を差し出し、「口上伝達」の場合は全文もしくは要旨の復唱を行なう。

行動中の伝令は、道に迷わないように逐次に地形確認を行なうとともに、帰路で迷わないように地形・地物の確認を行ない、事故等で連絡部隊に到着が不可能な場合は近傍の部隊に協力・支援を求める。

また敵と遭遇した場合は極力に戦闘を避けて退避するか、状況に応じては小銃射撃と銃剣格闘による強行突破を行なう。また敵には絶対につかまらないように最大の注意を払い、最悪の場合でも絶対に「筆記伝達」「印刷伝達」の文章を敵に奪われないように注意する。

緊急事態の場合は、文章をマッチによる「焼却」ないし、噛み砕いて飲み込む「咀《そ》嚼《しゃく》嚥《えん》下《か》」、土中に埋める「埋没」等の確実の処理を行なって絶対に敵に文章を渡さないようにする。また教育では『銃腔ニ入レテ発射ス』として文章を銃口に差し込んで実弾発射により文章を処理する方法の教育もあったが、ほとんど実用されたことはない。

連絡兵

前述の「伝令」に似た任務に「連絡兵」がある。

「連絡兵」とは二つ以上の部隊が部隊間の連絡を目的として、部隊間に等距離に連絡のための兵員を配置して連絡を行なう方法であり、斥候・伝令の任務と密接にリンクした重要な要素である。

「連絡兵」は戦場では「行軍間の連絡兵」「戦闘間の連絡兵」「駐軍間の連絡兵」の三

パターンがありいずれの場合でも、部隊間の所在、行動の状況、間隔距離の保持等の連絡があった。

「行軍間の連絡兵」は、敵に向かって警戒しつつ前進する「警戒行軍」を行なう場合に、警戒部隊間や警戒部隊と本隊の間に設けられる連絡である。

聯隊以上の「警戒行軍」を行なう場合、「本隊」の前に「前衛本隊」と呼ばれる前方警戒部位を配置して、この「前衛本隊」より「前兵」と「尖兵中隊」を派遣し、さらに「尖兵中隊」より最前列を進む「尖兵」を派遣するほか、側面警戒のために「本隊」から「側衛」と呼ばれる側面警戒部隊を派遣する。逆に「退却」の場合は後退する「本隊」の援護の目的で「後衛本隊」を設けて、この「後衛本隊」より「後衛後兵」と「後衛尖兵中隊」を派遣する。また「後衛尖兵中隊」からは最後尾の状況を知らせる「後衛尖兵」を派遣する。

「戦闘間の連絡兵」は、縦軸の指揮系統である「師団（指揮官「中将」）」「旅団（指揮官「少将」）」「聯隊（指揮官「大佐」）」「大隊（指揮官「少佐」）」「中隊（指揮官「大尉」）」「小隊（指揮官「少尉」）」といった各部隊レベルでの指揮官の間の連絡は重要であり、とくに無線機の無い「大隊」以下の小部隊では「連絡兵」による連絡が行なわれた。

「駐軍間の連絡兵」は、平時の伝令に準じた連絡を行なう。

具体的な「連絡兵」の連絡方法には、「口頭伝達」「書簡逓伝」「信号逓伝」の三つがあった。

「口頭伝達」は、指揮官等からの口頭で伝えられた連絡内容を口頭で伝える方法であり、誤達防止の目的で命令を受けた「受令者」は命令を発した「発令者」に対して「復唱」を行ない内容の確認を行なうほか、「逓伝」の際にも「連絡兵」同士の復唱による連絡内容の確認が行なわれた。このほかに「メガホン」を用いての連絡も行なわれた。

「書簡逓伝」は、用紙に筆記された内容を持っていく連絡方法で、要領は伝令の「筆記伝達」に準じている。

「信号逓伝」は、「手旗」や「記号」等を用いて行なわれる連絡であり、記号を用いる「記号連絡」では陸軍正規の規定されている記号のほか、部隊間で臨時規定した身振り・手振り等の記号による伝達が用いられた。

連絡兵の動作

「連絡兵」の人数は、正規の規定では二名一組を原則として複数組を設ける場合は「連絡長」を設けるが、実戦での通常連絡では人数の都合から一名で行なわれる場合

發	一月二十一日　十六時三十分
着	月　日　時　分
受信者	第二小哨長　某少尉殿
發信地	首山西南端
發信者	第二分哨長　○○軍曹

報告（第二號）

一　十六時二十分頃楡樹屯附近ノ鐵道線路上ヲ二、三名ノ敵歩兵ラシキモノ我方ニ向ヒ前進セルモ直ニ影ヲ没シタリ、歩哨ハ射撃セズ

二　第二分哨ハ引續キ警戒ヲ嚴ニセントス

三　當分哨附近地形偵察ノ結果ハ要圖ノ如シ

「通信紙」の記載例。文章による敵情の記載のほかに、地形・村落の状況をスケッチ等で連絡する場合もあり、とくに下士官以上のものは斥候訓練では必須とされた

が多かった。

「連絡兵」の連絡距離は中間で通常百メートルを基準として、連絡距離が長く百メートルを超える場合は、百メートルごとに「第一連絡兵」「第二連絡兵」というスタイルで複数の「連絡兵」によりリレー式による連絡がとられた。

このリレー式の連絡は陸軍では「逓伝《ていでん》」と呼ばれた。また夜間でも暗夜の場合は視界が悪いため十メートル前後となる場合もある。

「連絡兵」の動作は、二名一組の場合では一名は前方、残る一名は後方にたいして絶えず注意・警戒を払いながら前進して、視界が困難な地点通過の場合には一名は前進を続けて残る一名は一時的に停止して後方との連絡を確保して、連絡の確保が終われば前進を続ける一名に駈足で追及する。

Column　コラム❶　支那事変下での創意工夫

戦場での将兵は、物のない戦場生活の中で創意工夫により周りにある廃品を利用してさまざまな道具を創作している。以下に「支那事変」下で将兵の創意工夫によってつくられた生活用品を紹介する

風呂の一例。戦場での風呂といえば「ドラム缶」を利用した「ドラム缶風呂」が有名であるが、このほかにも「水甕」等を利用した風呂も多用された。イラストは煉瓦でつくった炉の上に逆にした「大鍋」を載せてから、湯船代わりの底を抜いた「大桶」を載せた風呂である

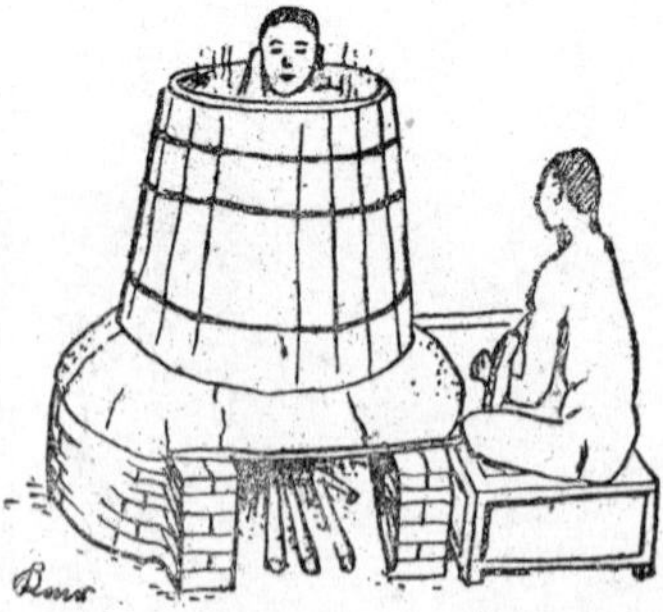

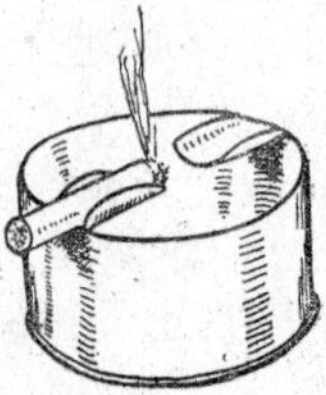

「灰皿」の一例。空缶を適宜に利用して煙草の置台も併設している

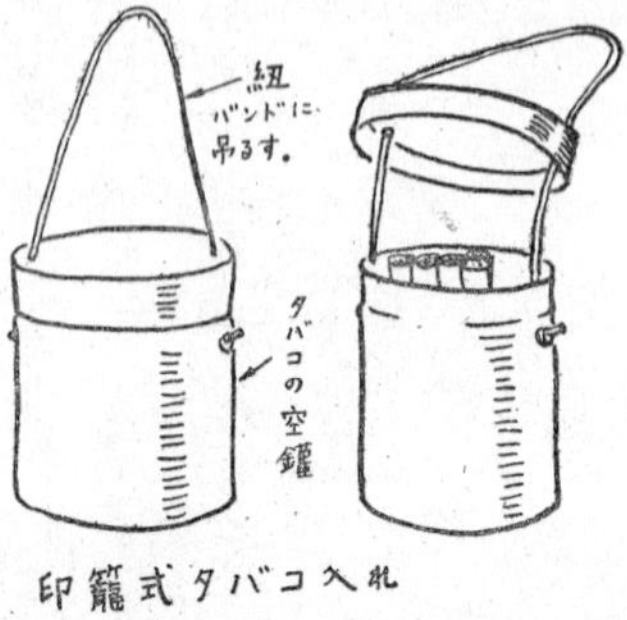

「印籠式タバコ入れ」。缶入煙草の缶や菓子等の空缶を利用して、古来の帯から吊るす印籠を模して腰に巻く「革帯（ベルト）」から吊り下げて携帯した。この空缶に限らず蓋の出来るブリキ製の空容器の類は防湿効果が高いことから、雑嚢に入れて煙草以外にもマッチや薬類や飴等の菓子類の携帯にも多用されている

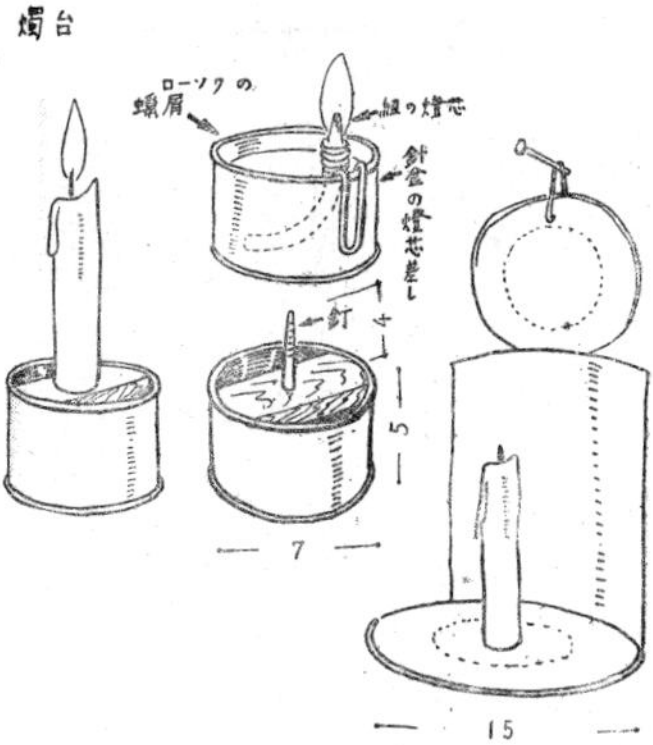

「燭台」の一例。戦場での夜間照明の主体は蝋燭を用いることが多く、将兵は罐詰の空缶を利用して「燭台」を作製している。イラスト左は茹小豆の空缶に蝋燭を固定するためにくぎを打ち込んだ木片を嵌め込んであり、「灰皿」を兼用する場合もある。またイラスト中央上にあるように、点火時の蝋燭の垂れてきた屑を再利用するために針金で作成した口金に木綿紐を挿した灯火も作成している。イラスト右は漬物の缶詰の空き缶を利用した燭台であり、罐詰の缶内面の反射を利用して蝋燭の光力が増加するよう工夫されている

「杓子」と「卸金」。汁物や副食の分配用として、イラスト左端にあるように空缶に木製の棒を差し込んだ「杓子」が作製されたが、柄が食材に干渉して分配が困難となることから適宜にイラスト中央のように空缶上部の金属部分を応用して柄を固定する「杓子」が創作されている。また大根を入手した場合は、空缶を利用した「卸金」が作製された。この「卸金」は大根以外にも各種調理にも応用された

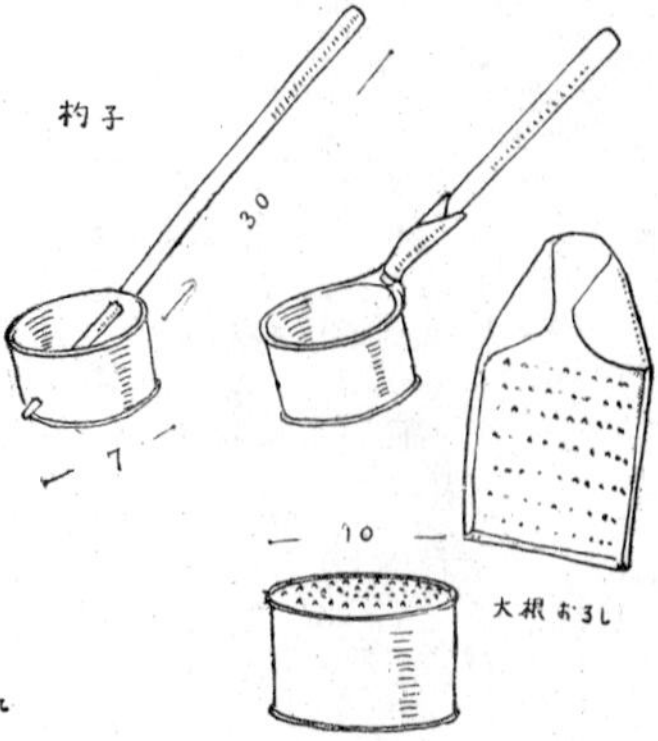

「茶瓶」と「コップ」。「茶瓶」はパイナップル缶詰の空缶を利用したものであり、茶殻を漉せるようになっているほか、針金を応用した持手は紐を巻いて断熱が施されている。「コップ」も空缶を利用したもので針金製の紐を巻いた取手が付けられている

図版類は「戦線・民家（河村五朗著、相模書房、昭和18)」より転載

第7話

道路と渡渉

戦場での進撃を行なう場合に必要な「道路」や「渡渉」を、「急造道路の構築」や「河川偵察」、「氷上通過」等、各種の事例やポイントをあげながら紹介する

道路

戦場での進撃を行なう場合に、軍隊が進撃するための道路は、原則として既存の道路が用いられるものの、戦局により既存の道路を拡大したり新たな道路を構築するほか、奇襲や敵の大部隊を迂回するために困難な地形を通過することがある。

戦前期の日本、大陸や南方の道路は、現在のようにコンクリートないしアスファルトで舗装されたものは少なく、ほとんどが砂利による舗装か未舗装のものが多く、通行者・馬車や自動車の轍による損耗も激しく、また雨が降ればすぐさまぬかるみとなるケースがほとんどであった。

陸軍では道路を、道の中心線を「準線」、その上面を「路面」、「路面」の横方向の

急造道路一覧

部隊		道幅	傾斜	曲半径
四列側面縦隊の徒歩兵 二伍縦隊の騎兵		2.50m	------------	------------
野砲兵			8分の1を基準	平地　18.00m 坂路　20.00m
山砲兵	繋駕	1.50m	6分の1を基準	6.00m
	駄載	1.00m	4分の1を基準	------------
野戦重砲兵		3.00m	20分の1を基準	平地　10.00m 坂路　25.00m
輜重	車両	2.00m	山砲兵に準じる	山砲兵に準じる
	駄馬	1.00m		
自動車		4.00m	6分の1を基準	7.00m

幅を「道幅」と呼び、道路の曲りであるカーブの程度を「曲半径」と呼んでいた。

既存の道路の使用と新道路の構築のいずれの場合も、将校を長とした「道路偵察隊」を編成して道路偵察を行なう。

道路には「急造道路」と「長時日使用スベキ道路」の二種類があり、道路の修理と構築には「工兵」が主体で、工兵の中でも戦時に編成される測量専門の「野戦測量隊」が地形測量を行ない、「野戦道路隊」が主体となり道路構築が行なわれた。

道路構築作業は原則として「スコップ」「鶴嘴《つるはし》」「モッコ」による人力作業が主体であり、作業の進捗状況によっては現地雇用者を労働力とするほか、近隣部隊や機械化機材の投入もあった。

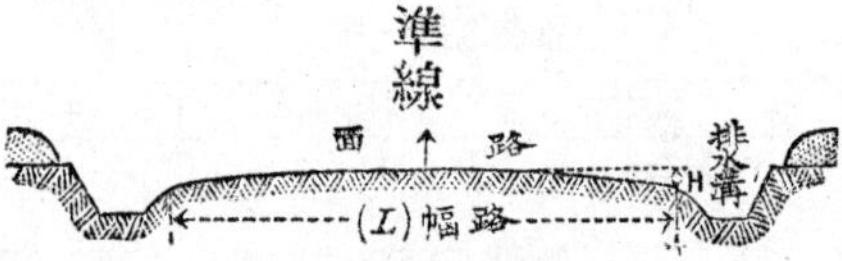

陸軍の道路の定義図

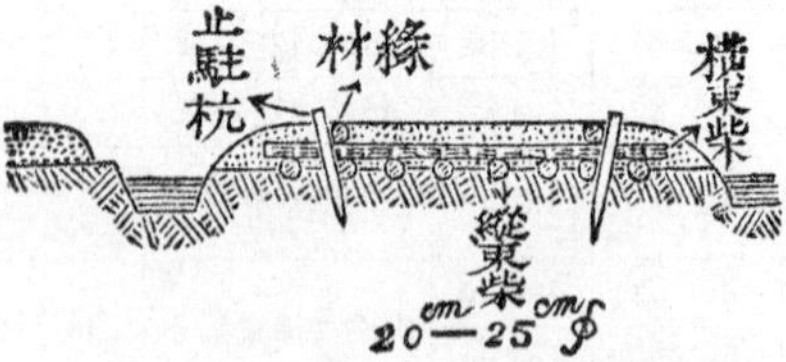

「束柴道」。路面の下に縦横の交互に柴の束を
重ねており、両脇には排水溝が設けられている

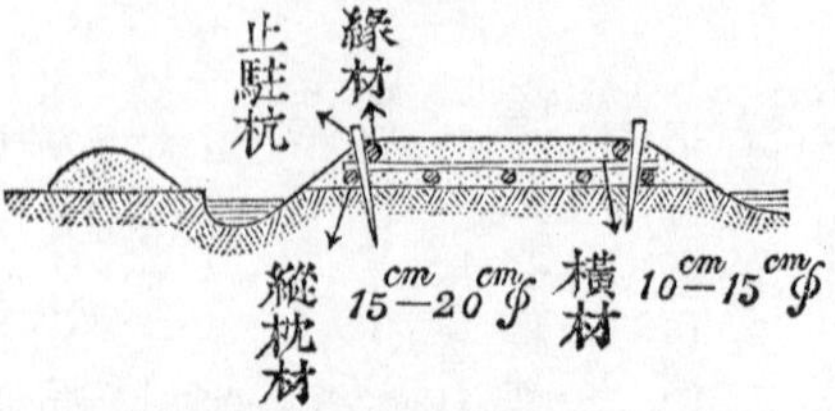

「丸太道」。路面の下に縦横の交互に丸太を重ねている。
状況によっては土砂で路面を設けずに丸太を並べる場合もある

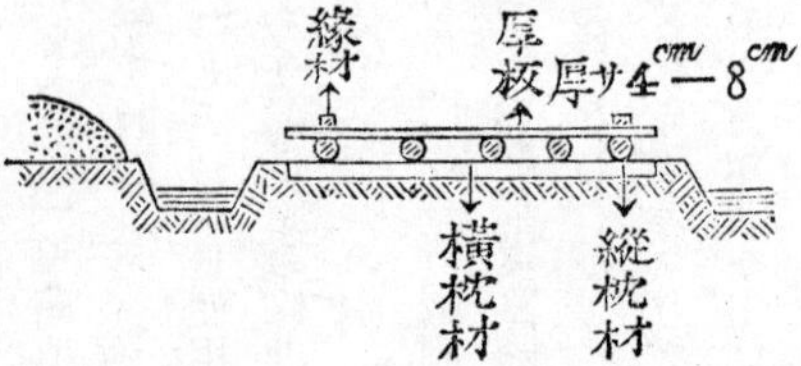

「板敷道」。丸太による「横枕材」と「縦枕材」を交互に重ね上に厚板を敷いている

「支那事変」下での徒渉の状況。下士官兵は服を脱ぎ小銃を濡らさないように頭上に掲げて川を渡っており、乗馬の将校と軍旗は兵が馬匹の手綱を引いて誘導している

急造道路の構築

作戦の都合から、道路の無い場所や粗悪な道路に軍隊を進める場合は「急造道路」を構築する。「急造道路」は、多少の迂回をしても極力に自然の地形を利用して構築を行ない、かつ降雨等の排水が容易な「準線」を選んで簡易な工事で完成させる。なお戦局によっては敵と航空機に対する遮蔽を行なう。

また、路面上の通過を妨害する草木・樹木は伐採を行なうが、徒歩兵や騎兵のみの通過の場合には邪魔な下枝類の排除のみが行なわれた。

「急造道路」の規模は表「急造道路一覧」の通りであり、地形等においてはカーブ部分（曲半径）がとれない部分では屈曲部の道幅を広くするほか、傾斜がある場合は「躍場」と呼ばれる退避箇所を設ける。

「支那事変」下での徒渉の状況。流れが速い河川のために流されないように手を繋ぎながらの徒渉が行なわれている。これ以上の急流になると腕を組んだり肩を組んでの徒渉となる

「沼沢地」や「沮洳地《しょじょ》（水はけの悪い地域）」での道路構築は時間と資材を多く使われることがあり、この場合は地面に杭を打ってから上に板を敷き詰める「架橋」が奨励されるものの、実際には「束柴道《そくそい》」「丸太道」「板敷道」等の構築により通過した。

「束柴道」は、地面の効力を高める目的で二層以上に縦横の交互に柴の束を重ねてから、土砂類で路面を被う方法である。

「丸太道」は、近傍で伐採した丸太のうち直径十〜十五センチのものを「縦材」として地面に垂直に並べて、その上に水平方向に交差するように直径十五〜二十センチのものを「横材」として、丸太の間隙には樹枝・糾草等を詰めてから土砂で覆って路面

を構築する。

「板敷道」は、路面に間隔をおいて「横枕材」と呼ばれる近傍で伐採した丸太等を並べ、その上に厚さ四〜八センチの厚板を敷く方法で、地盤の状況により横枕材の下に「縦枕材」を垂直に敷く場合もあった。

また奇襲作戦などで、一時的に徒歩兵や少数の車馬を通過させる場合は、「編條《へんじょう》（枝を編んだもの）」「藁」「高粱」や、縦方向に「木板」を敷いて通過するケースもあった。

長時日使用スベキ道路

「長時日使用スベキ道路」は道路のメンテナンスと部隊の通過時に渋滞が起こらないことを主眼として構築され、とくに降雨・湧水等の排水対策に主眼が置かれていた。

道路の規模は、通過部隊による道路の損耗を顧慮して徒歩・馬匹部隊で幅五メートル以上（一方通行の場合は最低でも幅四メートル）、自動車部隊で幅七メートルを基準として、排水溝は深さ五十センチ・幅三十センチ以上とした。

また道幅が狭い箇所には、両方向に通過する部隊が遭遇した場合の待避所ないし迂回路を設置する。

渡渉

道路に交差する河川・湖沼には通行用としての橋梁がかかっているが、戦時に際しては敵による橋梁破壊や、作戦目的での橋梁の無い場所での対岸への渡河が行なわれる。

原則として破壊された橋梁の修理や、橋の無い場所で部隊通過のための「架橋」と呼ばれる橋を架けるほか、「舟艇」を渡船とした対岸への部隊輸送は「工兵」の任務であるが、小規模な河川の場合は歩兵・砲兵・輜重兵などは部隊独自による架橋や渡河を行なう場合がある。

工兵部隊以外が渡河の場合、河川・湖沼の規模が小さくても橋を架ける「架

「支那事変」下での馬匹を用いての徒渉の状況。被服と装備を極力濡らさないように馬匹を利用しており、馬匹への乗り降りも肩車により行なわれている

橋」を行なう場合は少なく、多くの場合は「徒渉《としょう》」と呼ばれる河川の浅い部分を人馬・車両で渡る方法がとられた。

この「徒渉」を行なう場合は、「徒渉」を行なうために「徒渉場」と呼ばれる渡河拠点を設ける。

「徒渉場」の設置に先駆けて、河川の状況を調べる「河川偵察」を行なう。「河川偵察」は河川の規模により将校ないし下士官が偵察隊を率いる「偵察将校」ないし「偵察下士官」となり「徒渉場の偵察の一般要領」として以下六点のポイントを調べるとともに、「徒渉場の偵察に関しての着意点」としては以下三点のポイントがあった。

・徒渉場の偵察の一般要領

①偵察前の地図による研究

②住民に対しての状況聞き取り

③河川の景況よりの判断

④両岸の人馬の足跡や轍痕跡の観察

⑤必ず偵察者みずからが徒渉するか、舟艇での渡河を行なう

⑥通過部隊に対して徒渉場の位置と幅を竹・木枝等で明確に指示する

・徒渉場の偵察に関しての着意点

① 徒渉場の数と幅

② 徒渉場の水深・川幅・流速・河底の性質・両岸の状況・天候

③ 徒渉場を設置のための工事が必要かの確認と、設置する場合の工事の程度と付近で必要資材が確保できるかの確認

「徒渉場」からの「徒渉」の条件は、水の流速が毎秒一メートル以下として、水底が平坦で地質が硬いことが基本であり、この条件下では次表「兵種別徒渉水深一覧」にあるような「徒渉」可能であり、状況に応じては基本以上の流速や水深による「徒渉」が行なわれた。

「徒渉場」の河川の河底に窪みがある場合や車両の轍により河底が削られた場合はこれを埋めて平坦にするほか、流れが速い場合は杭を打ち込みその間にロープを張って渡渉部隊の流失を防ぐ工夫も取られた。

また、水流は緩やかなものの水深が深い場所では現場判断による適宜な応用により、輸送者二名と被輸送者一名の肩車スタイルの「徒渉」も行なわれた。

このほか作戦上から流れの速い河川を徒渉する場合は、複数名が並んで手を繋いだり肩を組みながらの「強行徒渉」も行なわれた。

氷上通過

また「渡渉」に類似したものとして「氷上通過」がある。

この「氷上通過」は冬季に河川・湖沼が凍結した場合に、凍結した河川上を通過することである。

諸兵種の通過可能な氷厚の標準

兵　種	氷　厚
散兵 間隔を開いた徒歩兵	10センチ
四列側面縦隊の徒歩兵 二伍縦隊の騎兵	15センチ
野砲兵 騎砲兵	20センチ
山砲兵	17センチ
野戦重砲兵	30センチ
一伍縦隊の駄馬	12センチ
一伍縦隊の輜重車	16センチ
自動貨車（三トン）	30センチ
自動貨車（四トン）	40センチ

兵種別徒渉水深一覧

兵　種	水　深
徒歩兵	80センチ
騎兵	1メートル
野砲兵 騎砲兵	50センチ
山砲兵	繋駕　40センチ 駄載　80センチ
野戦重砲兵	50センチ
輜重駄馬	80センチ
輜重車	50センチ
自動車	40センチ

「氷上通過」での一番重要なことは、河川表面の結氷が通過部隊の重量に耐えることが出来るかであり、この際に通過前に「河川偵察」が行なわれた。

「氷上通過の為の偵察の一般要領」としては以下三点のポイントがあった。

・氷上通過の為の偵察の一般要領

① 住民に対しての通過可能かの状況聞き取りないし、報酬を渡して渡河させる

② 氷上に残る轍後痕跡の観察

③ 十字鍬（つるはし）の尖端部等で結氷面に穴を開けて氷厚を調べて渡河可能かの判断を行なう

諸兵種の通過可能な氷厚の標準は、表「諸兵種の通過可能な氷厚の標準」の通りであった。

「氷上通過」で氷厚が十分でない場合には氷に対しての接地面積を拡げる目的で、単独徒歩兵の通過の場合は長い板や梯子を氷上に敷いて、馬匹の場合は接続した長い板を接続して氷上に敷き一頭ずつ通過させ、輜重車や砲車等の車両は氷上に厚板を敷くか橇に乗せて通過させる。

また季節によっては氷上に水を撒いて氷厚を増加させる場合もある。

第8話 宿営と廠営❶

給養と休養を目的とした「宿営」を、
「舎営」「露営」「村落露営」の
三パターンを上げながら紹介する

宿営

一日の行軍が終わると軍隊は給養と休養を目的とした「宿営」を行なう。「宿営」には状況に応じて、「舎営」「露営」「村落露営」の三パターンがある。

また作戦の状況に応じて、軍隊は短期間から長期間の時期に応じての「宿営」が行なわれた。この場合は「廠営《しょうえい》」と呼ばれ、「廠営地」と呼ばれる宿泊場所に平時の兵舎を簡略化したスタイルの宿泊施設と附属設備を作っての「宿営」が行なわれた。

以下に「宿営」の「舎営」「露営」「村落露営」を示す。

舎営

「舎営」は風雨を防ぐ目的で作戦地域に在る既存の民家を利用して宿営する方法であ

り、古来より軍隊が多用する方法である。既存の屋根のある建物と炊事設備や井戸等の水源があることから人馬の休養と給養に有利であり、あわせて戦術上と衛生面からも宿営の場合は「舎営」が推奨されていた。

建物により外気との遮断が行なわれる「舎営」は、とくに冬季・降雪時・降雨時の将兵の休養には最適であった。

反面、状況に応じて「退却戦」「遅滞戦」を行なう場合は、敵に休息設備を与えない目的で舎営施設となる家屋を焼却破壊する「焦土戦術」がとられる場合もあった。

陸軍では内地における平時の演習等で、演習地での通常の「露営」や廠舎による「舎営」とあわせて、「民泊」と呼ばれる民間協力者の家屋に「分隊」規模での宿泊訓練も行なっていた。

「舎営」を行なう場合は、家屋の衛生状態に注意を払い就寝場所のほかに炊事場・便所の清掃・消毒を行なうとともに、飲料水となる井戸の衛生状況にも注意を払う。

露営

「露営」は原野等の露天に宿泊することであり、「舎営」が可能な村落が無い場合や、敵との距離が近い場合等に多用される宿営方法である。

人馬の休養には良好ではないものの、戦闘のための即応体制の取れる準備を行なう

「支那事変」下での「舎営」の状況。行軍を終了して「舎営地」に到着した部隊は、指揮官の命令で各隊ごとに指定の家屋に分宿する

「支那事変」下での「舎営」の状況。「輜重兵隊」の状況であり、軍馬より鞍を外して休養を取らせるとともに、外套・毛布・天幕をはじめとした装備・被服の乾燥が行なわれている

ことができる。

多くの場合は部隊で携行する「天幕」ないし、下士官兵が各個に携帯している「携帯天幕」を利用しての「天幕露営」を行なう場合が多く、「携帯天幕」は単体ではなく複数を組み合わせることで大人数を収容する大型の天幕を構築する。

また降雪の時や極寒時の「宿営」は、耐寒・給養・休養の見地から極力「舎営」が推奨されるものの、作戦の推移や作戦地域によっては「天幕露営」や、止むをえない場合は「雪壕」を構築しての露営も行なわれた。この場合に用いられる「天幕」は「方錐型天幕」と呼ばれる大型のものであり、収容人数により各種の形式があった。

野営地は湿気・湿度が少なく、通気と降雨時の水はけの良い場所を選ぶとともに、風下に穴を掘り「厠」と呼ばれる便所を構築する。

通常、「歩兵」の場合は「大隊」単位での露営を行ない、各中隊ごとに縦列横隊で百八十メートル幅に並び、それに並列して「本部」「炊事場」と馬匹を繋ぐための「馬繋場」と「厠」を設置する。

「歩兵」以外の「騎兵」「砲兵」「工兵」「輜重兵」等の露営も歩兵に準じた配列を行なう。「砲兵」は火砲を置く「砲廠」を設け、車両が多い輜重兵の場合は中隊単位で、「輜重車」「自動車」を置くための「車廠」を設ける。

村落露営

「村落露営」は「舎営」と「露営」を組み合わせた宿営法であり、家屋が少なく全部隊の「舎営」が不可能な場合や、作戦地域に伝染病等が発生している場合などに、「舎営」と「露営」を適宜に組み合わせて行なわれる宿営である。

状況によっては、部隊主力を「舎営」として、警戒部隊を「露営」する場合もある。

宿営地の警戒と各種勤務

宿営を行なう宿営地では、宿営地での各種勤務を統括する目的で部隊長が、「舎営」の場合「舎営司令官」、「露営」「村落露営」の場合は「露営司令官」となって、部隊隷下にある宿営地での勤務要員を指揮する「日直将校」と「巡察将校」の統括を行なった。

警戒と各種勤務

宿営地は宿営する部隊の規模により、中隊から小隊の単位で「舎営区」ないし「舎営地区」、または「露営区」ないし「露営地区」の範囲で宿営地域の区分を行なう。

宿営地には、非常事態に際しての部隊が集合するための「警急集合場」を設けるとともに、平時の部隊勤務と同様に宿営地警備の衛兵である「舎営衛兵」ないし「露営

「支那事変」下における「舎営」内での食事風景。
壁際の棚には個人装備が整理された状態で置かれている

衛兵」を設ける。

「日直将校」は「舎営衛兵」ないし「露営衛兵」を指揮して、宿営地の直接警戒を行なうとともに、隣接地区との連絡と、宿営地周辺の住民の行動を監視するとともに、「巡察将校」ないし「巡察下士官」が指揮する「巡察隊」による宿営地内外のパトロールを行なう。

また「日直将校」は「舎営衛兵」や「露営衛兵」のほかにも、戦況に応じて宿営地ないし露営地の対空警戒にあたる「対空監視哨」と対空戦闘任務にあたる「対空射撃部隊」のほか、対化学戦用の「消毒部隊」や対戦車対応の「対戦車隊」をあわせて指揮した。

部隊の規模によっては、「舎営司令官」ないし「露営司令官」が「日直将校」を兼務するとともに、巡察を行なう「巡察将校」の代わりに下士官が勤務するケースもある。

また宿営地の警戒は二元体制となっており、宿営地単位で設ける「舎営衛兵」ないし「露営衛兵」のほかにも、隷下の部隊単位でも「部隊衛兵」を設けて部隊ごとでの「日直将校」ないし「日直下士官」の指揮下で要所に「歩哨」を立てての警戒が行なわれた。

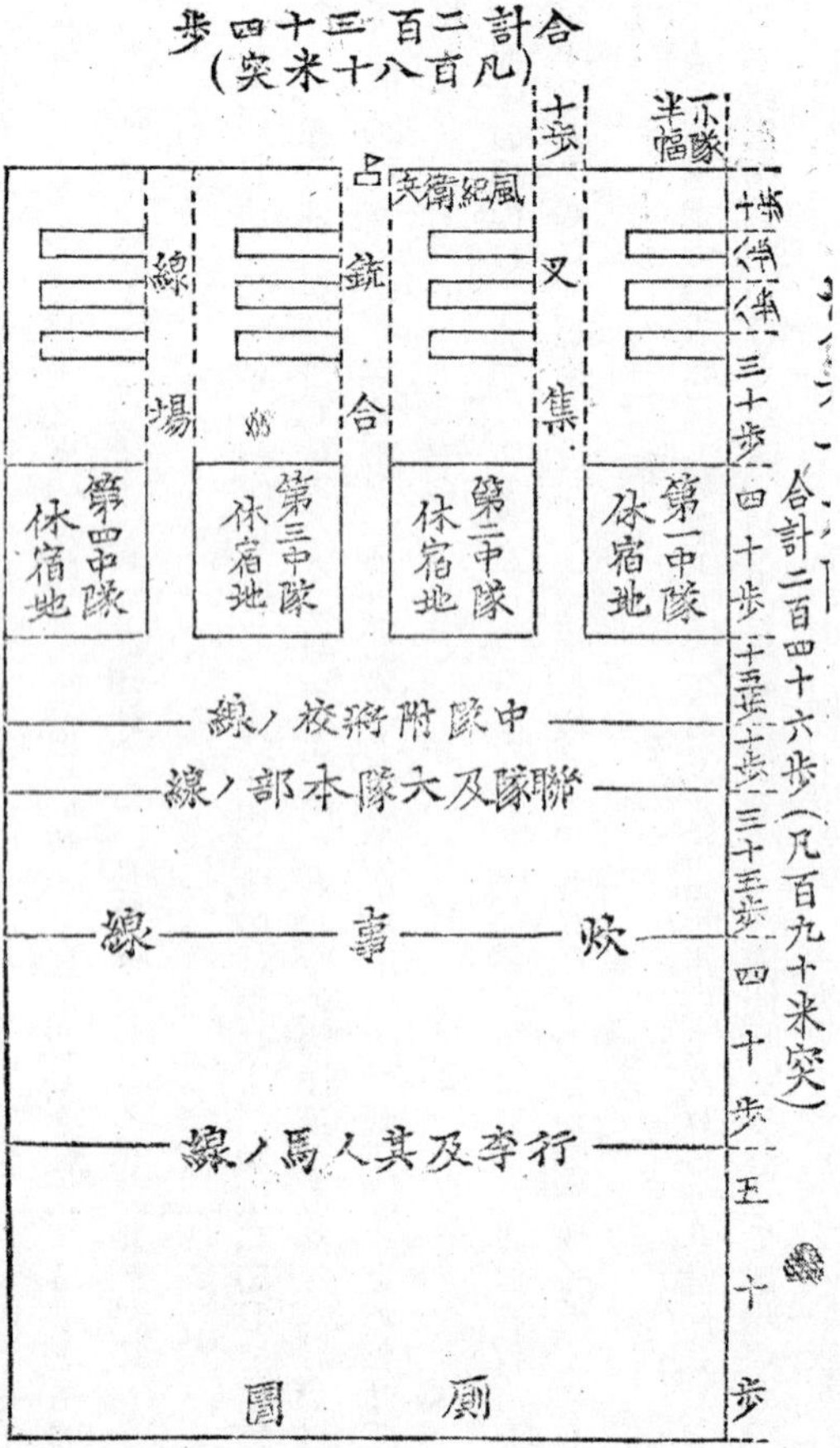

「歩兵大隊」が露営を行なう場合の、露営地の基本レイアウト

非常事態の発生に際しては、将校ないし衛兵は「喇叭手《らっぱ》」による「喇叭」吹奏のほか、「号令」「サイレン」「信号」等による「警報」を発して、あらかじめ指定されている緊急事態に対応するための小隊から中隊規模の「警急部隊」に対して非常事態を知らせる。

「警報」には、「非常警報」と「飛行機警報」と「瓦斯警報《ガス》」の三つがある。

「非常警報」は敵襲などの緊急事態の場合に出される警報であり、「警急部隊」は予め決められている「警急集合場」と呼ばれる集合場所に武装して集合し、将校の指示にしたがって状況に対処する。聯隊規模以上での宿営の場合は「警急部隊」も大規模になるため、「警急集合場」も「大警急集合場」と呼ばれる大規模なものとなる。

「飛行機警報」は敵機の襲撃が予想される場合に出される警報であり、「対空射撃部隊」は射撃準備を行なうとともに、その他の将兵は退避と応戦の準備を行なう。

歩兵が「聯隊」から「大隊」規模で宿営している場合の「対空射撃部隊」は通常は「重機関銃」を装備している「機関銃中隊」が担当する場合が多く、一般の「歩兵中隊」が「対空射撃部隊」となる場合には「軽機関銃」が対空射撃の主体となり、「小銃」の場合は敵機一機に対して一個「小隊」単位での集中射撃により射撃を行なった。

「瓦斯警報」はガス攻撃の恐れがある場合に出される警報であり、全将兵は「防毒面

（ガスマスク）」の準備を行ない、化学戦に対応する部隊は「防毒被服」を着用するとともに「消毒器材」の準備を行なう。

警戒方法

敵との接触が濃厚な場合や、住民が敵意を持つ地域の宿営では次に挙げる六つの要領にポイントを置いて厳重な警備を行なう。

①舎営衛兵の増大
②斥候を用いて、隣接する宿営地とその警戒部隊との連絡の保持
③通路上の橋梁の監視
④見晴らしの良い場所に展望兵を配置
⑤必要な場合は、宿営地に防御陣地を設ける
⑥必要に応じて、緊急対処部隊を待機させる

六つのポイントの内の⑥の「緊急対処部隊」は「警急部隊」ないし「警急隊」と呼ばれ、必要に応じて「警急舎営」と呼ばれる完全装備を維持したまま小隊から中隊単位でまとまって舎営が行なわれた。

「警急舎営」では常時窓を開放して四周を警戒し、夜間は家屋ごとに点灯するとともに、「警急舎営」を行なう将兵は状況に応じて、戦況が切迫している場合は休息・就寝の場合も被服・装具・兵器を身に着けたままで横になる「横臥《おうが》待機《たいき》」によって待機状態を維持して、馬匹も鞍等の馬具をつけたままの状態で待機する。

また住民に敵意がある地域では、情報漏洩を防ぐため防諜に留意するとともに、スパイ・ゲリラの侵入と住民によるテロを警戒した。

宿営地の警戒部隊

<table>
<tr><td rowspan="3">舎　　営</td><td colspan="2">舎営司令官</td></tr>
<tr><td>日直将校</td><td>舎営衛兵</td></tr>
<tr><td>巡察将校</td><td>巡察隊
対空監視哨
対空射撃部隊</td></tr>
<tr><td rowspan="3">露　　営
村落露営</td><td colspan="2">露営司令官</td></tr>
<tr><td>日直将校</td><td>露営衛兵</td></tr>
<tr><td>巡察将校</td><td>巡察隊
対空監視哨
対空射撃部隊</td></tr>
</table>

この警戒のために「歩哨」の増員をはじめとして、住民地での交通・通信の制限、交通・通信の禁止、夜間の街路照明、家屋の解放のほか、状況によっては住民地要人を人質にしたり、厳罰をもっての住民強迫の手段も取られた。このほかにも、反体制派住民や親日派住民を起用しての「保安隊」「義勇隊」等の協力部隊を編成するケースもあった。

第9話

宿営と廠営❷

第8話の「宿営」と「廠営」につづき、今回は一人用幕舎・防寒幕舎等の各種幕舎や露営等、「露営」の「天幕露営」、そして「廠営」を紹介する

露営と携帯天幕

「天幕」ないし「携帯天幕」を用いた露営は、「天幕」で「幕舎《ばくしゃ》」を構築することから「天幕露営」ないし「幕舎営」と呼ばれ、これを略して「幕営《ばくえい》」と呼ばれた。「携帯天幕」は単体で用いるよりは、複数を繋ぎ合わせて用いられることが多く、また降雨時には単体でポンチョ状に袖部分を作ってから身体にまとうことで「雨覆（レインコート）」の代用としても広く用いられた。

「携帯天幕」は「天幕」本体と附属品より構成されており、「天幕」は一メートル四方の防水加工の施された「茶褐交織麻布」で、各辺には「天幕」を繋ぎ合わせるための「縁紐」と「鳩目穴」がある。

附属品は継立式の「支柱」と木製の「控杭」と呼ばれるテントペグ二個と「天幕」の固定に用いる「張綱」があり、「支柱」は「支柱―甲」一個と「支柱―乙」二個でワンセットとなっており「支柱―甲」をセンターとしてその上下に「支柱―乙」を継ぎたして支柱とした。

「携帯天幕」の「支柱」の携行区分割合は「甲」一に対して「乙」二の割合であり、通常は三名一組で「甲」二本・「乙」四本を携行して、状況に応じて個人で「甲」一本・「乙」二本を携帯した。

一般的な「携帯天幕」の構築法には、少人数対応の「一人用幕舎」「二人用幕舎」「三人用幕舎」「四人用幕舎」「六人用幕舎」の五パターンと、寒冷地対応の大人数を収容する「三十八人用防寒幕舎」の合計六パターンが一般的な基本スタイルであり、後は現場の状況や地形等に応じて適宜の構築が行なわれた。

以下に「一人用幕舎」「二人用幕舎」「三人用幕舎」「四人用幕舎」「六人用幕舎」「三十八人用防寒幕舎」と、「天幕を用いない露営」を紹介する。

一人用幕舎

「一人用幕舎」は、「携帯天幕」一枚で構築する一人用のシェルターであり、「天幕」の角頂三ヵ所を「控杭」で固定して、他の一隅を「支柱」で持ち上げて「張綱」と

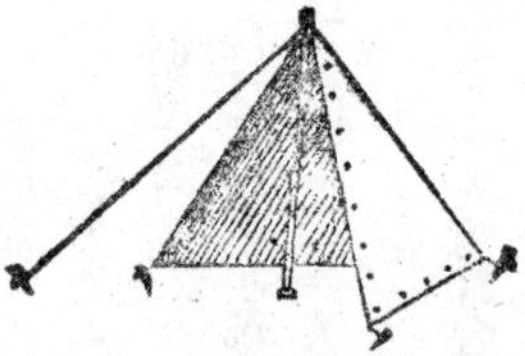
一人用幕舎

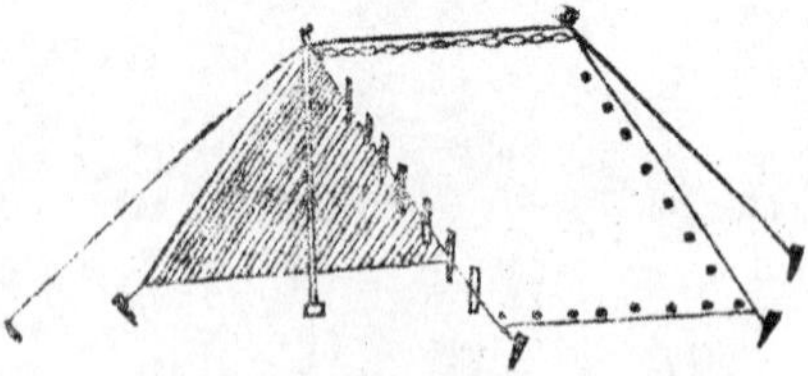
二人用幕舎

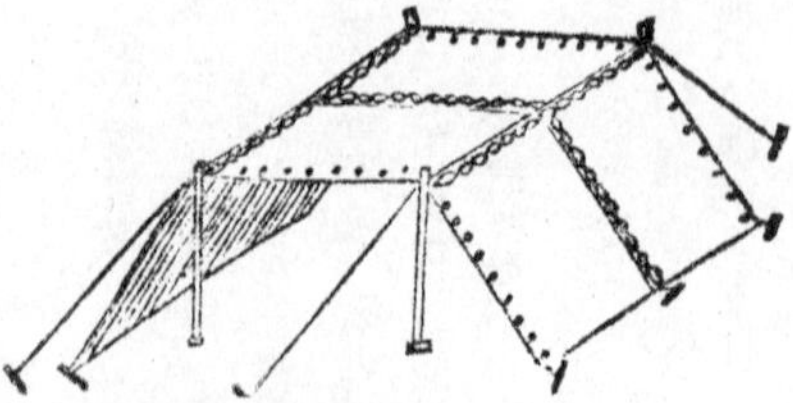
六人用幕舎　その1

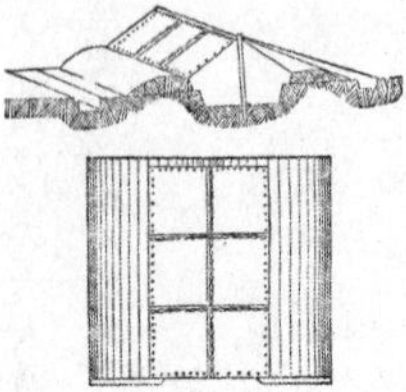
六人用幕舎　その2

「控杭」で固定するスタイルであり、「支柱」「控杭」「張綱」が不足の場合は枝・棒・蔦等の現地材料を「応用材料」として適宜に利用する。また斜面や木の枝を利用して「天幕」を片屋根スタイルに構築する場合もある。

いずれの場合も露営時には防湿・保温・衝撃緩衝の目的で地面に草等を敷くことが奨励されていた。

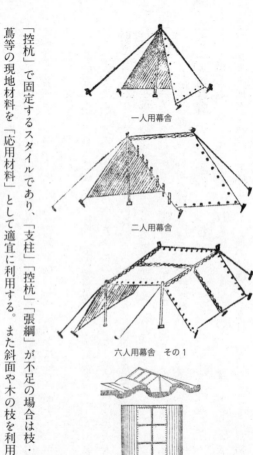

二人用幕舎

「二人用幕舎」は、「携帯天幕」二枚で構築する二人用のシェルターで、「ハの字」状に繋ぎ合わせた二枚の「天幕」の頂点二ヵ所を「支柱」で持ち上げて、「張綱」と「控杭」で固定するスタイルである。

三人用幕舎

「三人用幕舎」は、「携帯天幕」三枚で構築する三人用のシェルターで、「二人用幕舎」と同じく「ハの字」状に繋ぎ合わせた二枚の「天幕」に風の来る方向に向けて三枚目の「天幕」を鋭角に繋ぎ合わせたものであり、「天幕」の頂点二ヵ所を「支柱」で持ち上げてから、「張綱」と「控杭」を用いて天幕を固定するスタイルである。なお風が強い場合や地盤が弱い場合は、「支柱」の下に石や板を敷いて沈下防止を行なうほか、「控杭」を「張綱」に垂直に打ち込むことで抵抗力の増加を図った。

四人用幕舎

「四人用幕舎」は、「携帯天幕」四枚で構築する四人用のシェルターであり、「二人用幕舎」を水平方向に二つ繋いだスタイルである。

この「四人用幕舎」は夏季や炎暑時の露営に多用された。

六人用幕舎

「六人用幕舎」は、「携帯天幕」六枚で構築する六人用のシェルターであり、基本的には二つの構築パターンがある。

一つ目は掘り下げた地面に対して、屋根上に「二人用幕舎」を水平方向に三つ繋いで屋根をかけるスタイルで、原則として四組の「支柱」を用いて屋根を支えるとともに、開閉部の片方には階段をつけて出入口として、残る片方は藁・草等で閉塞して風を防ぐ。

この「六人用幕舎」を応用して「二十四人用幕舎」と「四十人用幕舎」がある。「二十四人用幕舎」は、焚火を中心として円形に二枚の「携帯天幕」をL字型に繋いだもの八組（小計十六枚）を、「支柱」八組で支えたものであり、残る八枚の「携帯天幕」で個の隙間を埋める。

「四十人用幕舎」は、片屋根に十枚の「天幕」を横に五枚・縦に二枚を繋いで合計二十枚の天幕を屋根としたものであり、この場合は「支柱」十二組を用いるとともに、中央の支柱の不足分を補うため「応用材料」として高さ百八十センチの「棟木」六本

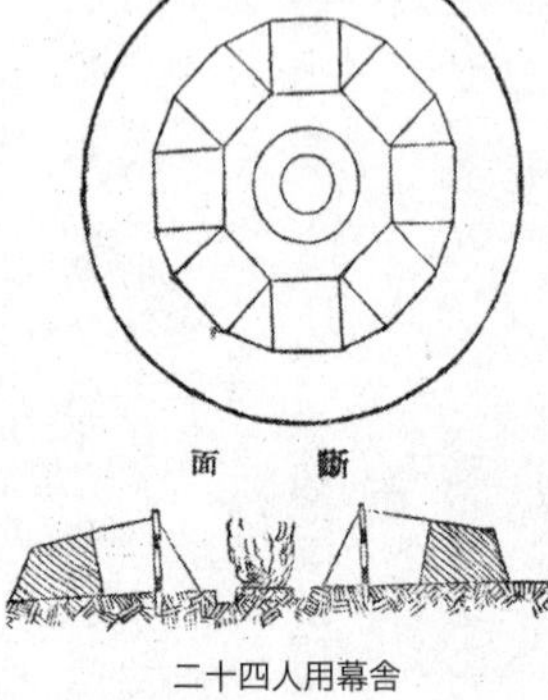

二十四人用幕舎

が用いられた。なおこの天幕中央に設けられた六本の「棟木」に横方向に補強用の木材ないし綱を張ることで「銃架」「鞍架」を兼ねた装備置場とすることも出来た。

二つ目は、二枚宛に繋いだ「天幕」で屋根部分と左右に傾斜した壁を構築して、六組の「支柱」を用いて屋根を支えるスタイルである。

三十八人用防寒幕舎

「三十八人用防寒幕舎」は、寒冷地で用いられる「携帯天幕」二十四枚と八組の「支柱」で構築する三十八人用シェルターである。

この場合、水平方向に四枚を繋いだ天幕二列（八枚）と「支柱」八組で屋根を作り、残りの「天幕」十六枚で壁面と出入口を作る。なお屋根部分に用いる天幕の内のセンターにある四枚は一部を折り返して焚火の煙出口を作る。

この他に、「塹壕」をはじめとする攻防用の野戦陣地を構築の場合は、壕の上に「天幕」を拡張する事で偽装を兼用した屋根とす

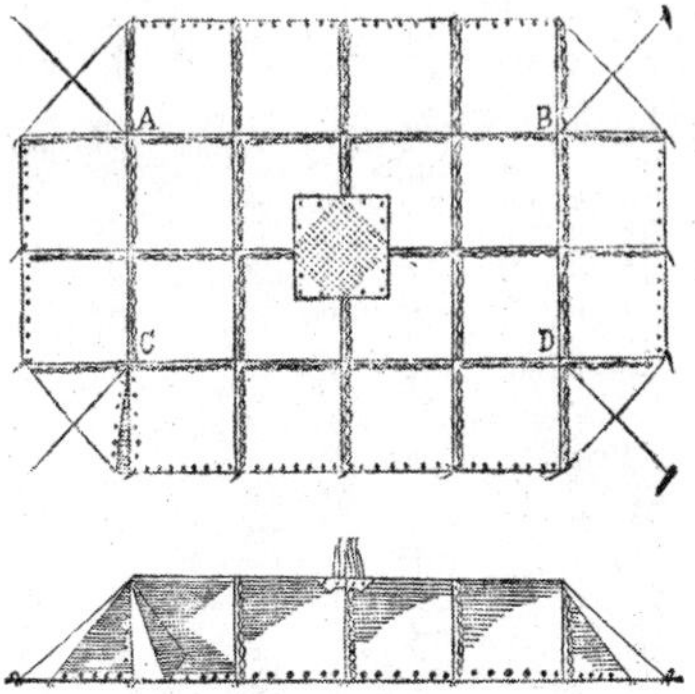

三十八人用防寒幕舎

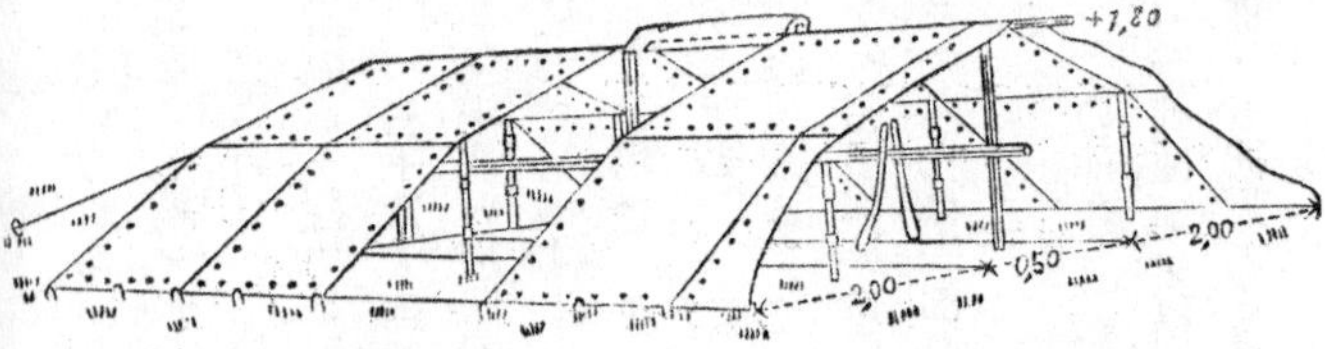

四十人用幕舎

るケースや、寒冷地の露営では焚火を中心として円形ないし半円形に草木で遮光を兼ねた防風壁を作り、「携帯天幕」で屋根を設けるケースもある。

いずれの露営も、衛生面から二週間を超える幕営の場合においては、一度「天幕」を畳んで設営面の地面を日光に曝して日光消毒を行なうか、他の地面に「天幕」を再構築する。

天幕を用いない露営

露営地での「携帯天幕」を張らない場合の露営には、草木で片斜面式の屋根や防風壁を設けるとともに、就寝の場合には将兵は「背嚢」に取り付けている「外套」を着用して「背嚢」を枕代わりに就寝する場合がある。

また天候に応じて「携帯天幕」を防水シート代わりに地面に敷いたり、風除けとして周囲に「携帯天幕」で覆いを設ける場合もある。

この他、作戦ではじめから将兵が「外套」を着用して行動している場合は、「背嚢」には「毛布」を取り付ける。

廠営

「廠営」は駐屯には及ばないものの、一つの場所に部隊規模で比較的長期間にわたり駐留する場合に行なわれる方法であり、駐留するために内地にある兵営のレイアウトに酷似した「廠営地」を設定するとともに木材等の現地材料で兵舎と付属施設を構築する方法である。

四面を閉塞した兵舎は構築に時間と資材を用いるために長時間の廠営の時のみに構築し、土間タイプの通路を中央に設け、その左右に「野床」と呼ばれる将兵の起居スペースを構築して、収容する将兵の個人空間は長さ二百センチ・幅六十センチ、通路は高さ二百センチ・幅百センチ、出入口の扉は高さ百八十センチ・幅百センチを

長期間用の兵舎の構築材料
（側面を除く、10メートル当たり）

長さ3.00メートルの柱		12本
長さ4.50メートルの中央柱		3本
長さ3.50メートルの斜材		6本
冠材		30本
長さ4.50メートルの椽《たるき》用の板		22枚
長さ5.00メートルの横材		3枚
屋根・壁・床用の板		180㎡
床板の支柱用の角材		60メートル
屋根掩覆物		100㎡
釘	大	1800本
	小	1000本

基準とした。

　多くの兵舎は、資源と時間節約のために壁を省略して、屋根と壁を兼用したタイプのものが多く、そのスタイルから通称「三角兵舎」と呼ばれた。

　長期間の「廠営」を行なう場合は、基礎材を省略するために地中に柱を入れて壁のある兵舎を構築する。また状況によっては棟部分に対流を利用した空気抜きを設ける。

　長期間用の兵舎の構築材料（側面を除く十メートル当たり）は、P.103表に示す資材を基準とした。

　付属施設には、歩哨用の「哨兵舎」、小銃ラックである「銃架」、馬匹を収容する「厩舎」、馬匹の「鞍」を置く「鞍架」「炊事場」「厠」「倉庫」等がある。「哨兵舎」は歩哨を風雪から守る目的で、板・藁・柴・布等で構築し、「銃架」「鞍架」は木材で構築する。

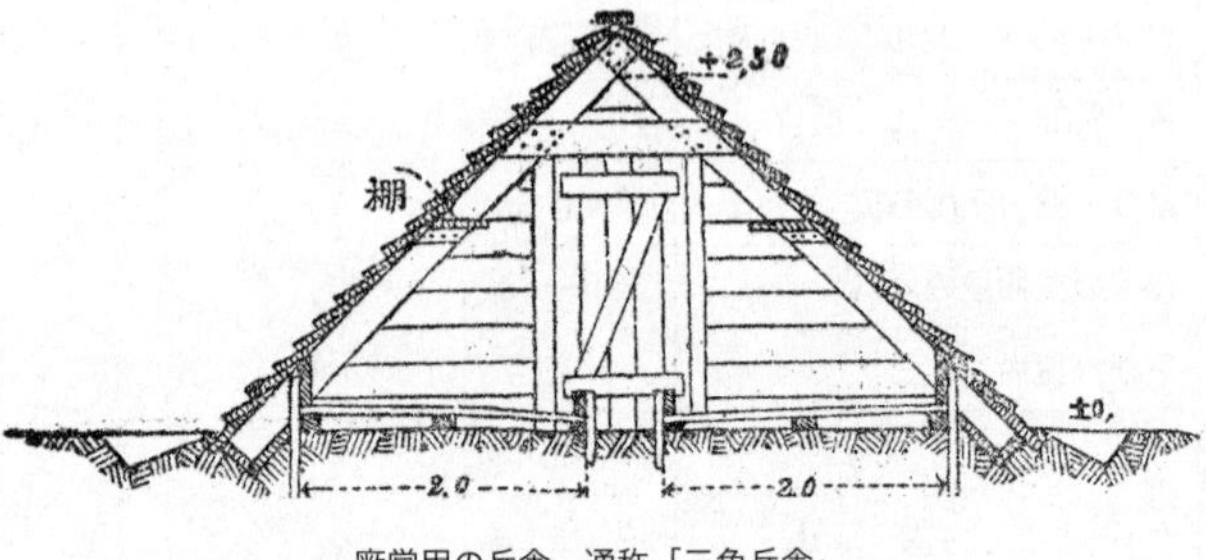

廠営用の兵舎。通称「三角兵舎」

「炊事場」は、各「歩兵大隊」ごとに装備している「野戦炊事具」と呼ばれる炊出《たきだし》用の炊事具の内の「鉄鍋」を設置するために砂・石等で「野竈」を設け、状況によっては炊事煙を遮蔽・拡散するために地中に煙突代用の煙道を設けるとともに、風除けと遮蔽を兼ねた土手を設ける。

「厠」は必要不可欠であり、地面を掘り下げての設置を行ない定期的な消毒と埋設を実施、状況に応じて周りに囲いを作る。

「ノモンハン事件」時の写真で、塹壕の天井部に屋根と偽装を兼ねて、「携帯天幕」を張った状態

これらの兵舎や付属施設を寒冷地に設置する場合は、保温断熱の目的で屋根と壁を二重にして内部に草や土を詰めるほか、極寒地では建物を風雪から守るために半地下式に構築するとともに「ストーブ」「ペチカ」「オンドル」等の暖房装置を設けた。

第10話

給水と便所

人や馬匹の給水方法や「浄水方法」等を扱った「給水」や、「短期間の厠」「長期間の厠」、そして「行軍中の用便」等の、日本陸軍における便所、通称「厠」を紹介する

給水

日本陸軍では戦場で将兵が必要とする「飲用」「炊事」「洗面」に用いる清水の基準量を、一人一日に約六升（約十一リットル）と規定していた。

日本陸軍の作戦展開地域である国外は、河川湖沼や井戸が豊富にあり水源に困ることのない国内と違い、慢性的に水源が足りない地域も多々に有り、陸軍初の外征である明治七年の「征台の役」をはじめとして明治二十七年の「日清戦争」につづく「日露戦争」と、正面の戦闘と並んで『水』の補給は重要なポイントとして常時に給水に関する研究と装備が整えられていた。

同じく陸軍では『生きている兵器』であることから別名「生兵器《かっぺいき》」とも呼ばれた

物資輸送の要である「軍馬」は、戦場では一日二回の給水が規定されており、馬体にもよるが一回の給水量は六升（約十一リットル）を基準としていた。

以下に人馬に対する陸軍の給水法と、飲料水の浄水方法を示す。

人に対する給水

「舎営地」では既存の井戸をはじめとする水源を用いて給水を行なうが、この際に井戸水が飲用可能かどうかの調査である「検水」と呼ばれる検査が「軍医」「衛生下士

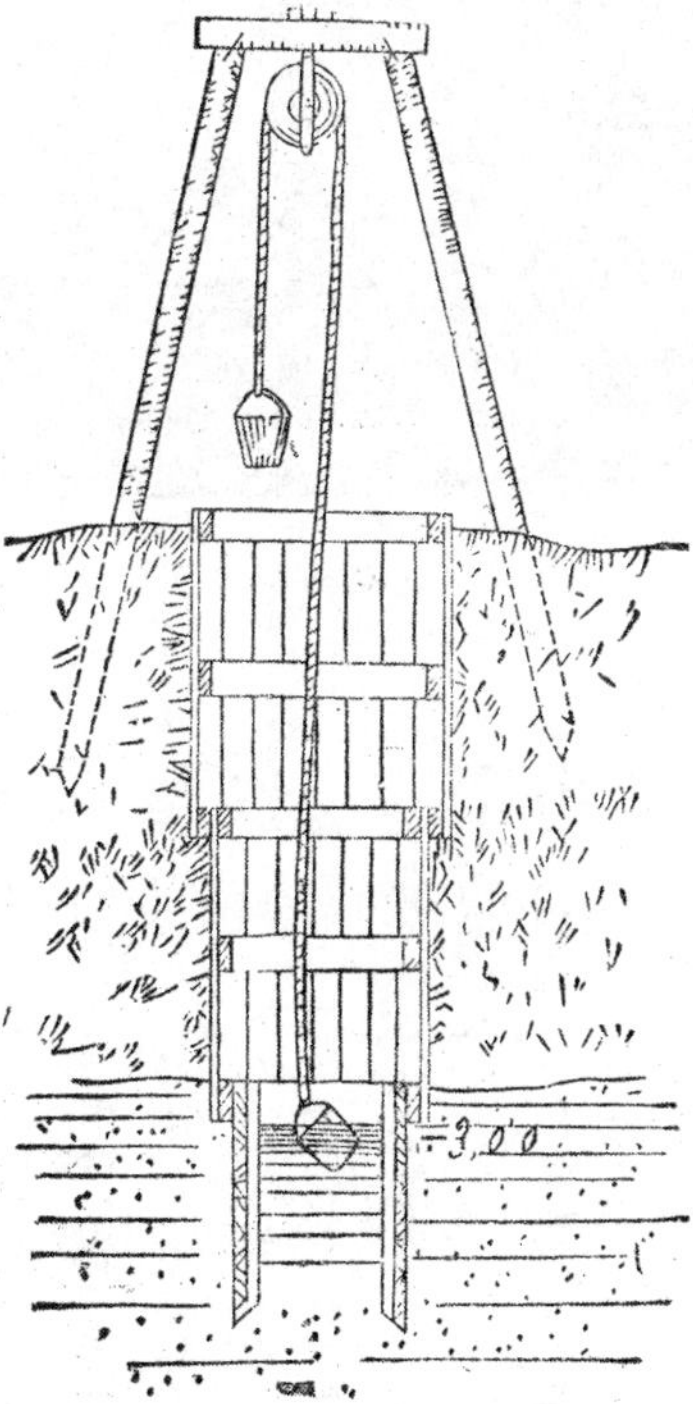

野戦での井戸の構築例

「支那事変」下での「舎営」での井戸の使用状況。昭和 14 年の北支那大原郊外での撮影であり、水源の乏しい地域であるために井戸の水深も深く釣瓶に懸るロープの深さも長くなっている

官」等の「衛生部員」により行なわれ、状況によっては飲料水の濾過や薬物消毒ないし煮沸消毒が行なわれた。

「露営地」では隣接ないし近傍の河川湖沼を水源として利用するが、水源が汚染されている場合や長期間の露営の場合は井戸を作製する場合もある。

長期間の「廠営」や軍隊が長くとどまる「駐軍」の場合では、隣接ないし近傍の河川湖沼を水源として利用するものの、状況に応じて井戸を掘削して安定した水源の確保がなされた。

井戸の作製作業である「掘井《くっせい》」を

陸軍では「作井《さくせい》」と呼んでおり、戦時に際しては井戸の掘井を専門とする「野戦作井中隊」が編成されて井戸の掘井が行なわれた。

馬匹に対する給水

戦場の行軍中の馬匹への給水は、河川湖沼の水辺より直接に水を飲ませるほか、状況に応じては汲んできた水を「水嚢」と呼ばれる防水キャンバス製の折畳式タイプの布製バケツを用いて飲ませる場合もある。

「舎営地」と「露営地」では、河川湖沼に隣接した場所に馬匹専用の水飲み場である「飲馬場」を設ける。

「飲馬場」は、周辺の道路が平坦で水底が硬くて水深が五十〜百センチが最適とされており、河川湖沼に隣接した場所に「飲馬場」が設置できない場合や、水底が不安定で馬匹の侵入により飲料水が濁る可能性のある場合は、厚板を用いて馬匹用水槽を設ける。

馬匹用水槽は木板製で、断面の内径が上辺三十五センチ・底辺二十五センチ・高さ三十センチの逆等脚台形の樋を、高さ五十センチの台上に設けたもので、一メートル幅に左右一頭の合計二頭の馬匹を並べることが可能であり、平均一頭当たり五分にて給水が完了できるようになっていた。

同じく「支那事変」下での「舎営」での井戸の使用状況。井戸の後方では「飲料水」に用いる水の煮沸消毒が行なわれている

水槽は満水にした場合、四分の三が有効量として計算されており、仮に二十五メートル幅の水槽を設置した場合には一回の満水にて、五十頭ずつ三回に分けた五分ごとの給水作業で、十五分間で百五十頭の馬匹に対して給水が可能であった。

飲料水の浄水方法

飲料水を浄化する「浄水法」には、「濾過法」「煮沸法」「薬物浄水法」の三パターンがあった。

「濾過法」は、現地資材を用いる方法と、制式の濾過器を用いる方法があった。

現地資材を用いる方法には、樽や函等の空容器を利用して内部に浄化槽として布・砂礫・木炭を敷き詰めた容器内部に水を通す方法がある他、河川湖沼の沿岸を掘って、その側面から濾過水を得る方法がある。

制式の濾過器には「岡崎式濾水器」「石地式濾水器」「石井式濾水器」等があり、配布される規模により各種のサイズが存在したほか、後に「石井式濾水器」は「九八式衛生濾水器」として制式器材の名称が付与されて、使用する部隊規模により「甲」「乙」「丙」「丁」「戊」の五種類が整備された。

「煮沸法」は、飲料水を煮沸する一番単純かつ確実な浄水方法であり、通常の場合、五分以上の煮沸でほとんどの病原菌類を死滅させることが可能であり、あわせて毒性の有機物の破壊とともに不快臭の原因である、アルカリ土類を沈降させることが出来た。

反面で煮沸消毒は、水分中の炭酸類を発散させてしまうため、煮沸水には清涼味が無くなるという欠点があり、これを補う意味で茶や煎麦を混入させて香味を付ける場合もあった。

「薬物浄水法」は、「クロール石灰（通称「晒粉」）」による消毒が行なわれており、水五石（九百リットル）に対して「クロール石灰」一匁（三・七五グラム）を投入（濃度は約二十五万分の一）して攪拌後は十五分から三十分放置の後に飲用する。

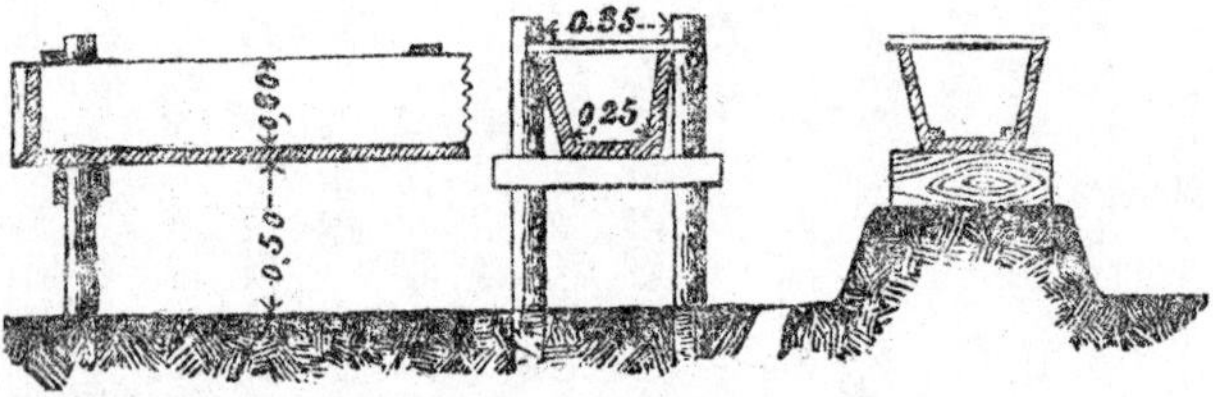

「馬匹用水槽」の作製例。
幅 1 メートルごとに馬匹 2 頭が向かい合うかたちで水を飲むことができた

また「クロール石灰」に食塩を加えることで消毒効果を増すことが出来るほか、部隊用として錠剤タイプの「クロール錠」もあり錠剤一個で五升（九リットル）の水を十五分で消毒・殺菌が出来た。なお塩素臭がきつい場合は「次亜塩素酸ナトリウム」の錠剤一個を投入して消臭した。

軍制式の「クロール錠」のほかに、当時は市販品として「クロール」を含有した浄水錠である「カポリット錠」「クロルアミン錠」等が市販されていた。

また飲料水が透明でない場合は、「明礬《みょうばん》」による清透化と濾過法を併用する。これは「濾過法」に先立って、濁っている水三十六リットル（二斗）に対して「明礬」四〜三十二グラム（一〜八匁）を入れて攪拌後に放置してからその上澄を濾水器で濾過する方法である。

また作戦状況に応じて、将兵個人宛に各自の水筒に投入する錠剤タイプで、「カルキ」を主体とした「浄水錠」を支給する場合もあった。

便所

日本陸軍では「便所」を「厠《かわや》」と呼んでおり、平均的な将兵一日あたりの用便の排出量を、「大便」が約一合（二五〇グラム）、「小便」が約六合六勺（一・二リットル）と定義していた。

これによって平時の兵営における便所の設置基準は、兵員三十名に対して「小便器」一、兵員十一名強に対して「大便器」一が設置されていた。

戦場では「舎営」の場合は建物に付随している既存の便所を利用することを原則とするものの、衛生環境が劣悪な場合や、容量が不足する場合は便所を新たに新設する場合もあった。

「露営」の場合には、衛生面と臭気予防の見地から「厠」は露営地の中心より低く風下の地点に設けることを原則として、露営期間の長短によって、「短期間の厠」と「長期間の厠」の二タイプの便所が設営された。

大便後の処理には、現在のようなロールタイプのトイレットペーパーが用いられることはほとんどなく、「落とし紙」の通称で呼ばれた「更紙」が多用されていた。この「落とし紙」は戦場では各将兵に毎月百五十枚が支給された。

以下に「短期間の厠」と「長期間の厠」と「行軍中の用便」を述べる。

短期間の厠

「短期間の厠」は、三十名から四十名につき、地面に深さ五十センチ・幅三十センチ・長さ一メートルの穴を掘り用いる便所であり、五日間の使用が可能であった。用便に際して、小便は穴の脇に立ち行ない、大便は穴の縁にしゃがむか穴を跨いで行なった。

汚物が堆積した穴は、毎日ないし隔日ごとに衛生面を顧慮して、「灰」や「炭粉」ないし十センチの土での被覆を行ない、可能ならば「クロール石灰」を用いて消毒を行なう。

長期間の厠

「長期間の厠」は千名につき、地面に幅一メートル・深さ一メートル以上・長さ四十メートルの穴を掘る。

長さ四十メートル幅での構築を行なう場合は、用便の際に用いるため一メートルごとに幅二十五センチの踏板を二十センチの間隔で二枚宛てに設置され、理論値では四十名の将兵の同時使用が可能であるが、実際は地形に合わせて五メートル幅ないし十メートル幅で複数を並列に設置するケースが多かった。

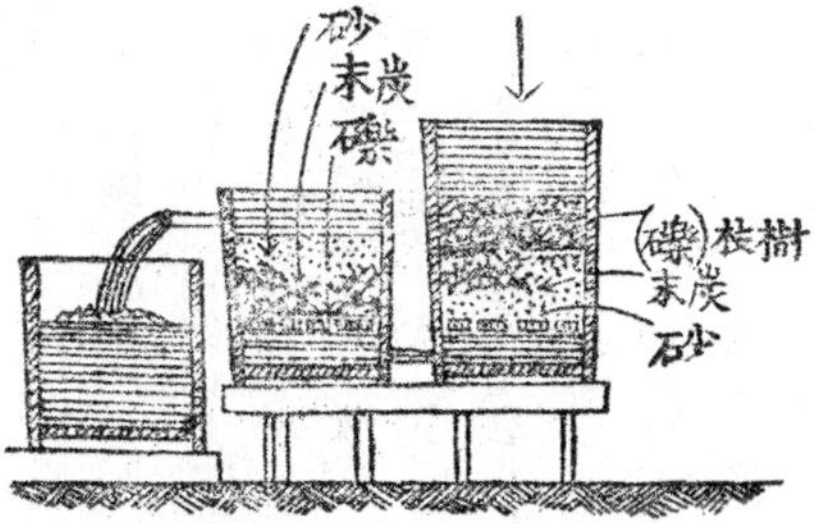

現地資材を用いる濾過法の一例。
木箱・樽等の空き容器を用いた濾過装置の設置状況

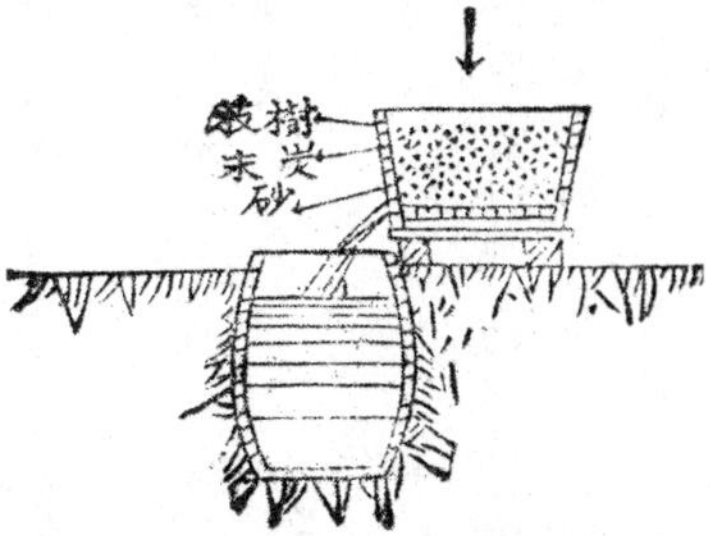

同じく現地資材を用いる濾過法の一例

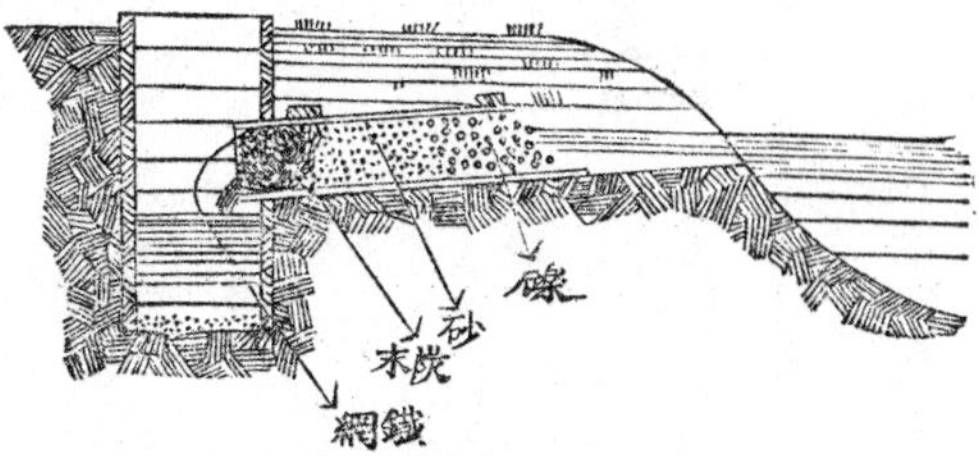

河川湖沼沿の側面から濾過水を得る方法一例。
定期的にフィルター代替の砂礫・木炭の交換を行なう

また可能な限り、高さ一メートルを基準とした囲いを周囲に設けて、できるならば一・八メートル前後の屋根をつける。

このほかに夜間の用便時の転落防止のために、掘削した穴の周囲と踏板の周囲には白布を付けた枝や白砂等を用いて目印を付けることが奨励された。

行軍中の用便

行軍中の用便は小休止・大休止の時に行なうことが原則とされており、大便は極力出発前に行なっておくことが奨励されていた。

行軍中の小便は適宜に路傍で行なわれ、大便に際しては衛生を顧慮して「円匙」等で穴を掘ってその中に行なうか、排泄後に汚物を土砂で覆うように教育されていた。

なお用便時の注意として、とくに寒冷地での用便に際しては用便後に「M釦」の通称で呼ばれていた、「軍袴（ズボン）」の「股ボタン」の掛け忘れによる陰茎・股間部分の凍傷の発生に対する注意が払われた。この股ボタンの掛け忘れによる陰茎・股間部分の凍傷発生は、鞍に跨る乗馬本分者に多発した。

また小便に際しては、飛沫や排尿漏れ等が「軍袴」につくことによる凍結・凍傷の防止にも注意が払われた。

第11話

駄馬と輜重車❶

「三八式野砲」等の火砲や、各種物資の輸送に使用される「駄馬」(「駄鞍」等を使用)及び、「三九式輜重車」等の「輜重車」を紹介する

師団編成と馬匹

日本陸軍の師団編成パターンには、「駄馬編成師団」と「車両編成師団」と「自動車編成師団」の三パターンがある。

陸軍の一般的な師団編成は昭和初期の段階で「駄馬編成師団」と「車両編成師団」の二パターンがあり、いずれの「師団」の場合でもそれぞれ「師団司令部（師団長は「中将」）」の下に「歩兵旅団」二個と「砲兵聯隊」「騎兵聯隊」「工兵大隊」「輜重兵大隊」があり、「歩兵旅団」は「旅団司令部（旅団長は「少将」）」の下に「歩兵聯隊」二個を擁している。

「駄馬《だば》編成師団」では、兵器・物資の輸送には馬匹の背中に荷物を搭載する「駄馬《だば》」

を用い、「駄馬」の背中には「駄《だ》鞍《あん》」と呼ばれる荷物搭載用の鞍を取り付ける。この「駄鞍」に荷物を搭載することを「駄載」と呼ぶ。

「車両編成師団」での馬匹を用いた輸送には、「輓馬《ばんば》」と呼ばれる物資牽引用の馬をもちいて「輜重車」と呼ばれる大八車スタイルの荷車を牽引する。この「輜重車」に荷物を搭載することを「車載」と呼び、陸軍が「自動貨車（トラック）」を制式採用する以前より用いられていた名称である。

「砲兵聯隊」の編成には「野砲編制聯隊」と「山砲編成聯隊」の二パターンがあり、いずれの場合でも「聯隊本部」の隷下に火砲十二門を装備した「砲兵大隊」三個を擁

師団編成

師団司令部		
歩兵旅団	旅団司令部	
	歩兵聯隊	
	歩兵聯隊	
歩兵旅団	旅団司令部	
	歩兵聯隊	
	歩兵聯隊	
砲兵聯隊	駄馬編成師団	山砲装備
	車両編成師団	野砲装備
騎兵聯隊		
工兵大隊	昭和11年に聯隊へと改変	
輜重兵大隊	「駄馬中隊」と「車両中隊」の混合編制	昭和11年に兵聯隊へと改編

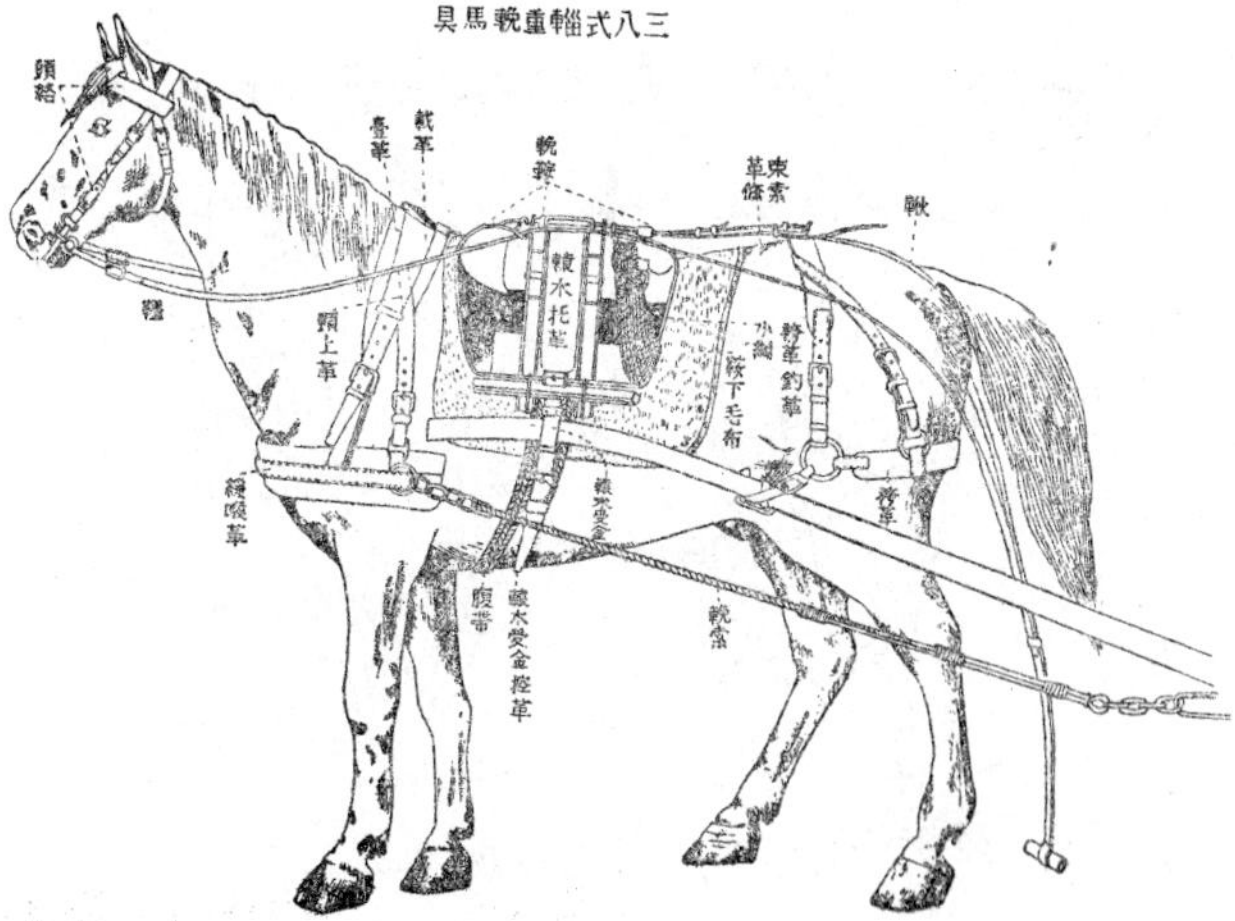

三八式輜重輓馬具

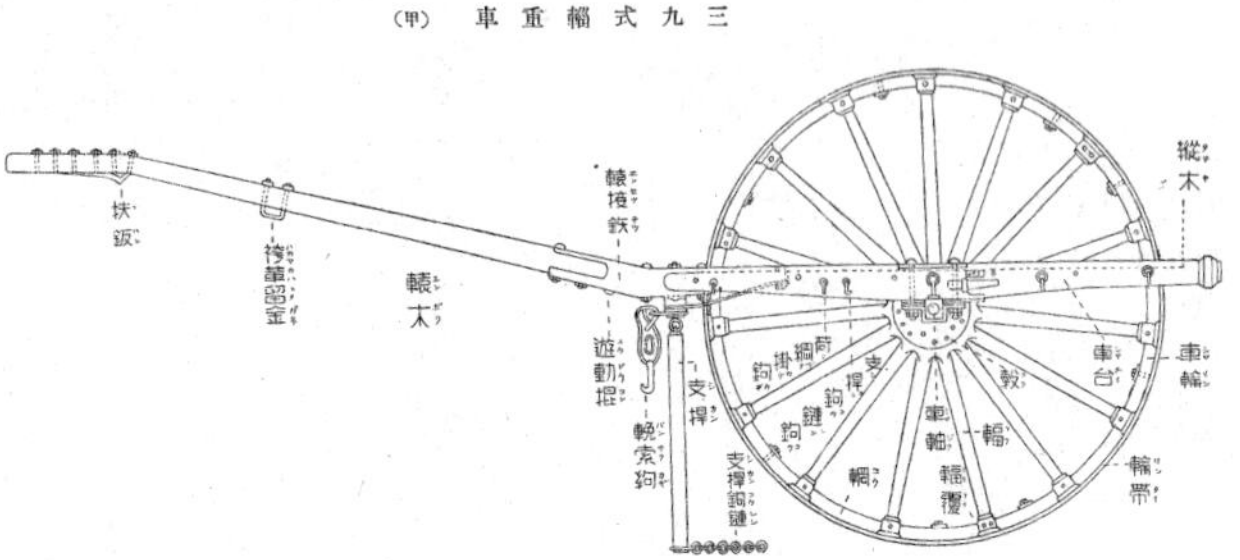

三九式輜重車-甲。「三九式輜重車」の通称で呼ばれた

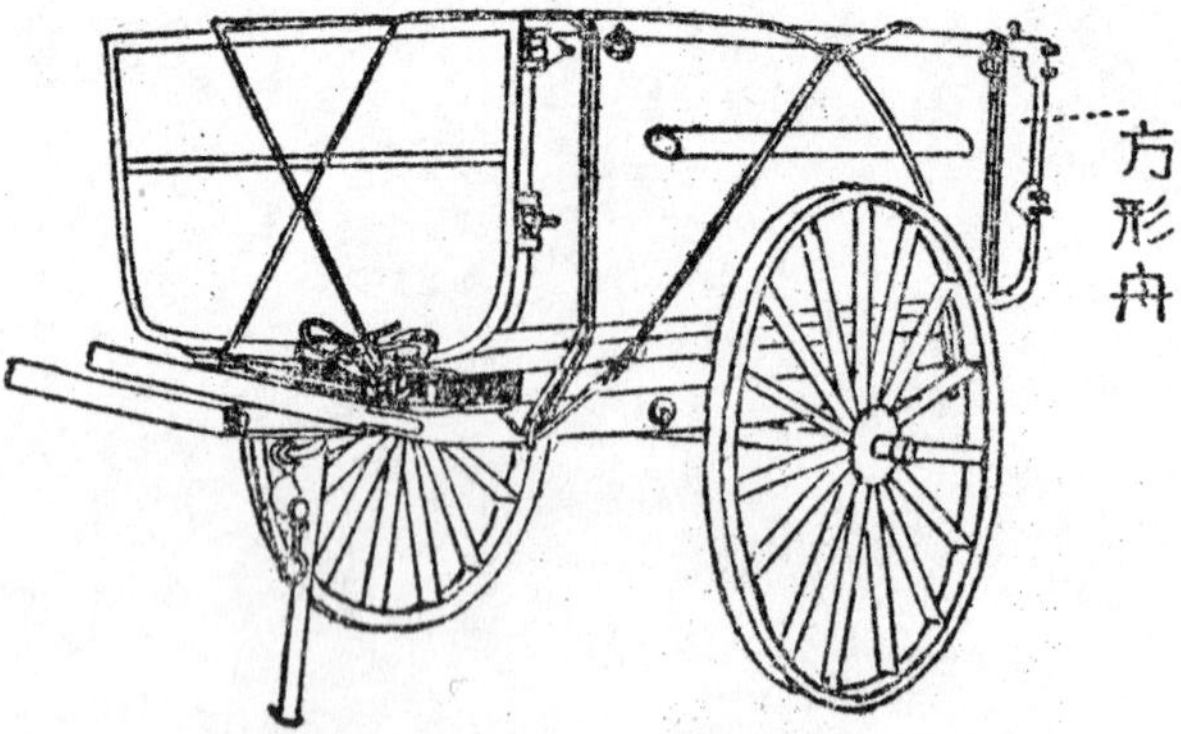

三九式輜重車 - 乙。渡河用の「鉄舟《てっしゅう》」と呼ばれる
鋼鉄製の組立船の搭載船用の輜重車である

していた。

「野砲編制聯隊」の場合は、口径七十五ミリクラスの「三八式野砲」を四頭の「輓馬」で牽引するスタイルであった。

「山砲編成聯隊」の場合は、口径七十五ミリクラスの「四一式山砲」を一頭の「輓馬」で牽引するか、山砲を分解して六頭の「駄馬」に「駄載」した。また「山砲」は戦況に応じては分解して砲兵が肩に担いで運ぶ「臂力搬送《ひりきはんそう》」も行なわれた。

昭和初期の時点での日本陸軍の師団編成はP.118表の通りである。

「自動車編成師団」は、昭和十二年に行なわれた陸軍の編成改編にともなって師団の機動性向上のために、従来の「四単位制」と呼ばれる「歩兵聯隊」二個を擁する二つの「歩兵旅団」からなる師団編成を廃止して、新たに設けた「歩兵団（歩兵団長は「少将」）」の下に「歩兵聯隊」三個を擁するスタイルであり、通常は「三単位師団」と呼ばれた新編成師団の内で、一切の馬匹を用いずに完全に「自動貨車」で編成されたものが「自動車編成師団」である。

「自動車編成師団」は昭和十六年の「大東亜戦争」勃発の時点で「近衛師団」「第五師団」「第四十八師団」の三個師団があった。

輜重兵大隊

「師団」レベルでの物資輸送に従事する「輜重兵大隊」は、平時では「大隊本部」の隷下に「駄馬中隊」と「輓馬中隊」各一個を擁していた。平時の「輜重兵大隊」では、徴兵された「新兵」と「輜重輸卒（後に「輜重特務兵」）」に対しての「輓馬」による「輓曳」と「駄馬」による「駄載」の教育がメインに行なわれていた。

戦時に際して「輜重兵大隊」は「予備役」と「輜重輸卒」の動員により大幅に増員された三千百名を超える将兵によって、「大隊本部」の隷下に六～七個の「駄馬中隊」と「輓馬中隊」を適宜に混合編成した。また後には「自動貨車」を装備した「自動車

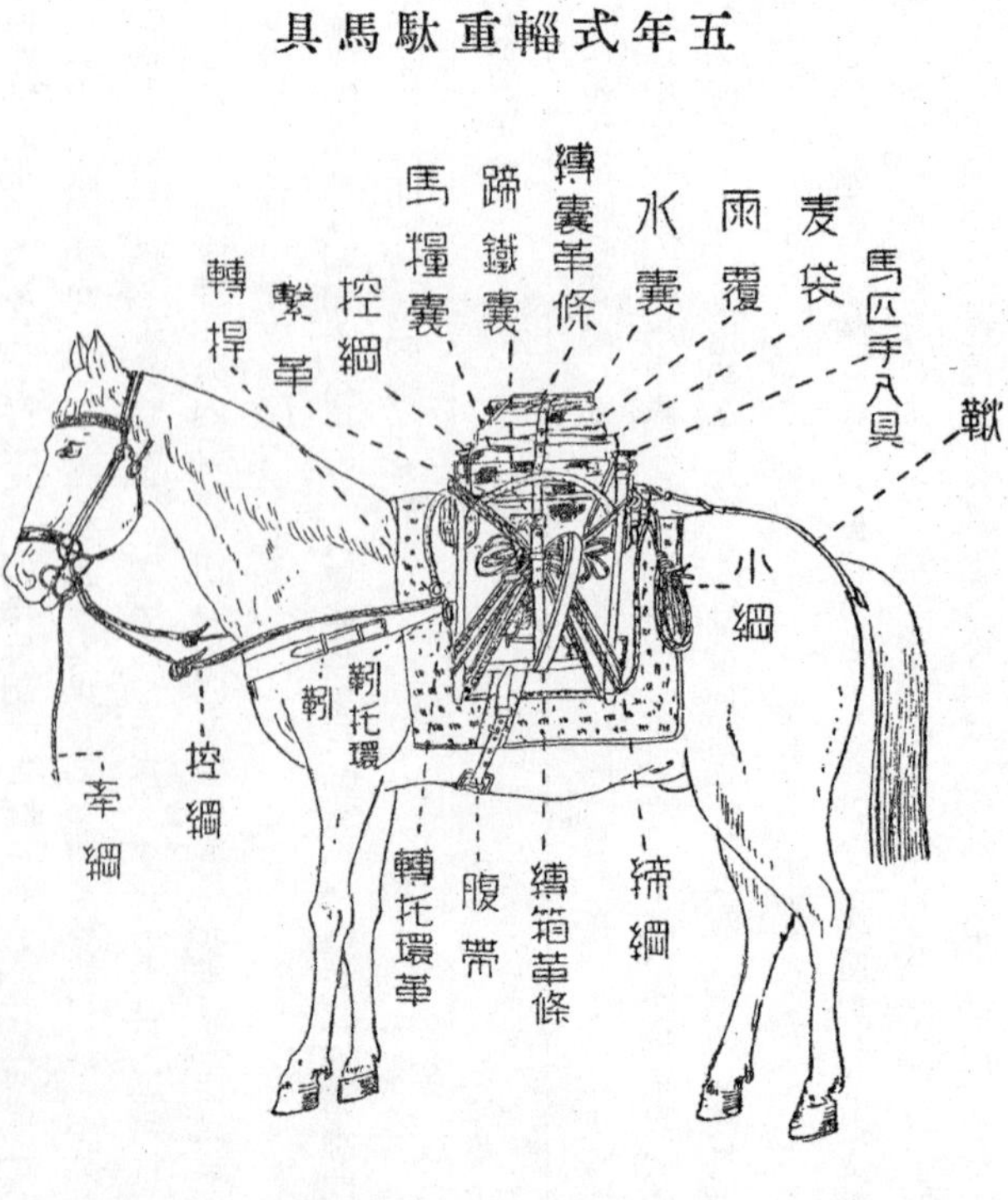

五年式輜重駄馬具。駄鞍の左右に荷物を振り分ける形で搭載する

中隊」を保有するようになる。

「輜重兵大隊」は昭和十一年になると「輜重兵聯隊」へと改編される。

陸軍で物資輸送に多用された「駄鞍」と「輜重車」と「自動貨車」について以下に示す。

駄鞍

陸軍で多用された「駄鞍」は、明治三十三年制定の「三三式輜重駄馬具」の改良型である、大正五年に制定された「五年式輜重駄馬具（以下は通称の「駄鞍」と記載）」が主体であり、これは昭和二十年まで用いられた。

この「駄鞍」には、通常二十五貫（九十三・七五キロ）の荷物が搭載可能である。

「駄馬」の運用には「駄馬」一頭に対して「輜重輸卒」一名が「馭兵」となり「駄馬」の誘導にあたり、統括・護衛の目的で「駄馬」四組に対して「輜重兵」一名が配置された。

なお「輜重輸卒」とは「輜重兵」の指揮下で物資輸送に従事する兵卒のことであり、明治十二年以降から召集者に対して輜重兵部隊での短期訓練がほどこされて戦時での予備役として多数がプールされており、戦時に際して召集される物資輸送に特化した兵員である。

「輜重輸卒」は戦場では「輜重兵」の護衛を受けるために、「小銃」をはじめとする銃器類の武装は無く、ただ腰の「帯革」に自衛用の「三十年式銃剣」を所持するのみであった。

この「輜重輸卒」は昭和六年に「輜重特務兵」と名称を改められ、さらに昭和十四年になると、「輜重特務兵」は「輜重兵二等兵」となり「輜重輸卒」の制度は廃止された。

輜重車

同じく陸軍で多用された「輜重車」は、明治三十九年制定の「三九式輜重車」であり、終戦まで「輜重車」の主力であった。

この「三九式輜重車」は、明治三十六年制定の「三六式輜重車」をベースとして「日露戦争」での戦訓をもとに各部を改良されたもので、輓馬にセットした明治三十八年制定の「三八式輜重輓馬具」と呼ばれる牽引具にセットすることで馬匹一頭での牽引を行なった。

「三九式輜重車」は「三九式輜重車―甲」と「三九式輜重車―乙」の二タイプが存在し、「三九式輜重車―甲」は一般の物資輸送用であり、「三九式輜重車―乙」は渡河作業に従事する工兵用の渡河器材の運搬に特化した車両である。

通常「三九式輜重車」と呼ばれる場合は「三九式輜重車—甲」を指す。「三九式輜重車」は、通常五十貫（百八十七・五キロ）の荷物が搭載可能であり、道路の路面が平坦かつ良好なる場所では、「駄馬」による「駄鞍」と異なり二百五十キロ前後までの荷物搭載も可能であった。

なおこの「輜重車」は状況によっては「人力牽引」を行なう。

「輜重車」の運用には「輜重車」一台と「駄馬」一頭が一組となり、これに「輜重輸卒」一名が「馭兵」となり「輜重車」の誘導にあたった。この「輜重車」四組に対して統括・護衛の目的で「輜重兵」一名が配置された。

自動貨車

「馬匹」に比較して、「自動貨車」の輸送能力は高く、昭和以降になると「輜重兵大隊」内に「自動車中隊」が編成される部隊があるほか、戦時に際して「方面軍」「軍」レベルの直轄で兵站輸送に専属する「自動車聯隊」「自動車大隊」「自動車中隊」等も多数編成された。

陸軍の使用した「自動貨車」の荷物搭載量は平均して千五百キロであり、「自動貨車」の輸送能力は馬匹に比べてはるかに大きいものであった。

「駄馬」一頭での輸送量二十五貫（九十三・七五キロ）・「輜重車」一台での輸送量五

十貫（百八十七・五キロ）に対して、一・五トン積の「自動貨車」は一台で「駄鞍」十六台・「輜重車」八台分の荷物を一度に輸送することが可能であった。

「自動貨車」による輸送の機械化は人員面の削減も可能であり、一・五トンの荷物を運搬する場合でも「自動貨車」一台に必要人員である「運転手」と「運転助手」の二名に対して、「駄鞍」十六台の場合は「馭兵（輜重輸卒）」十六名と監視役の「輜重兵」四名の合計二十名、「輜重車」八台分の場合は「馭兵（輜重輸卒）」八名と監視役の「輜重兵」二名の合計十名の大人数が必要であった。

戦場での輜重兵の日課

「輜重兵」をはじめとする「駄馬」「輓馬」による馬匹編成部隊では、行軍の後も将兵は自己の食事や被服・機材の整備のほかに、馬匹の手入れ・世話と馬具の整備・補修を行なった。

左表に、馬匹編成の「輜重隊」の起床から出発までの基本的な日課時限を二パターン紹介する。

1500キロの物資輸送にかかる器材別一覧（表２）

器　材	一台の搭載量	必要台数	必要人数
駄　鞍	93.75キロ	16台	20名
輜重車	187.5キロ	8台	10名
自動貨車	1500キロ	1台	2名

馬匹編成の輜重隊の日課時限（表３）

パターン①

時間	行　動	
0500	起床 点呼	
0510	休憩	
0515	馬匹世話	馬手入 水飼与 診療 治療 装鉄
0555	休憩	
0600	朝食	
0620	休憩	
0625	出発準備	装鞍 繋馬 積載
0655	検査	
0700	集合地点へ移動 集合地点到着 予備時間15分	

パターン②

時間	行　動	
0500	起床 点呼	
0510	朝食	
0530	休憩	
0540	馬匹世話	馬手入 水飼与 診療 治療 装鉄
0625	出発準備	装鞍 繋馬 積載
0655	検査	
0700	集合地点へ移動 集合地点到着 予備時間15分	

第12話

駄馬と輜重車❷

「駄馬中隊」「輓馬中隊」の基本的な編成及び、輜重兵が独自に持つ自衛戦闘部隊である、「自衛隊」等、「輜重兵中隊」関連を紹介する

輜重兵中隊の編成

「師団」隷下の「輜重兵大隊」における、補給・輸送の基本単位となる「輜重兵中隊」の編成について、昭和五年の時点での馬匹編成である「駄馬中隊」「輓馬中隊」の基本的な編成と、輜重兵が独自に持つ「自衛隊」と呼ばれる自衛戦闘部隊について以下に述べる。

駄馬中隊

「駄馬中隊」は、「中隊本部」と「駄馬小隊」三個と「自衛隊」より編成されていた。

「中隊本部」は通常「輜重兵大尉」が中隊長となって指揮機関である「指揮班」を率いて中隊の指揮・統轄に当たる。

「駄馬小隊」は通常「輜重兵少尉」が小隊長を務め、隷下に「駄馬分隊」二個を擁する。

「駄馬分隊」は通常「輜重兵軍曹」が分隊長となり、二〜四個の「班」に分けられる。各班は「輜重兵」を「班長」として「駄馬」八〜十八頭と「輜重輸卒」による「馭兵」八〜十八名の合計九〜十八名より編成される。また地形や戦況によって各班宛に馬匹取り扱いをサポートする「予備卒（予備兵）」を一〜二名宛に配属する。

一般的な「駄馬分隊」は、「班長」と「駄馬」十二頭と「輜重輸卒」による「馭兵」十二名と「予備卒」二名の合計十五名より構成される「駄馬班」三個より編成され、人員は「分隊長」以下四十六名と「駄馬」三十六頭である。

駄馬中隊の編成と輸送量

（表1-1）

部隊編成			駄馬数（頭）		輸送量（トン）	
中隊本部			—		—	
自衛隊						
第一小隊	第一分隊	第一班	12	72	3.375	6.75
		第二班	12			
		第三班	12			
	第二分隊	第一班	12		3.375	
		第二班	12			
		第三班	12			
第二小隊	第一分隊	第一班	12	72	3.375	6.75
		第二班	12			
		第三班	12			
	第二分隊	第一班	12		3.375	
		第二班	12			
		第三班	12			
第三小隊	第一分隊	第一班	12	72	3.375	6.75
		第二班	12			
		第三班	12			
	第二分隊	第一班	12		3.375	
		第二班	12			
		第三班	12			
合計			216		20.25	
備考			予備駄馬を除く			

（表1-2）

部隊編成			駄馬数（頭）		輸送量（トン）	
中隊本部			—		—	
自衛隊						
第一小隊	第一分隊	第一班	12	48	2.25	4.5
		第二班	12			
	第二分隊	第一班	12		2.25	
		第二班	12			
第二小隊	第一分隊	第一班	12	48	2.25	4.5
		第二班	12			
	第二分隊	第一班	12		2.25	
		第二班	12			
第三小隊	第一分隊	第一班	12	48	2.25	4.5
		第二班	12			
	第二分隊	第一班	12		2.25	
		第二班	12			
合計			144		13.5	
備考			予備駄馬を除く			

「支那事変」下での「駄馬中隊」の出発準備状況。各種の運搬物資が「輜重特務兵」の手で「五年式駄鞍」に搭載されている様子がわかる。写真右中央の乗馬した2名は「輜重兵」である

「支那事変」下での北支の荒野を進む「駄馬中隊」。「駄馬」のほかにも「乗馬」「予備馬」をふくめて300頭以上の馬匹を擁する「駄馬中隊」の行軍長径は2キロ以上に及ぶ場合がある。写真では先頭は現地徴発した「牛」と3番目は「騾馬（らば）」が用いられており、「馬匹」に混じり多くの徴発「騾馬」がいる

仮に上記の三個「班」を擁する、「駄馬分隊」二個より編成される一個「駄馬小隊」の物資駄載用の「駄馬」数は七十二頭であり、三個小隊を擁する「駄馬中隊」の「駄馬」数は、二百六十一頭となり、このほかに中隊の備品・糧秣等を運ぶ「駄馬」と「乗馬」を入れると一個中隊の馬匹数は約三百頭、人員は約三百五十名を擁するようになる。「駄馬」の背中に装着した「駄鞍」による一頭当たりの荷物輸送量は二十五貫（九十三・七五キロ）であるため一個「駄馬中隊」の物資輸送量は約二十トン（表1―1）である。

また上記の二個「班」を擁する、「駄馬分隊」二個より編成される一個「駄馬小隊」の物資駄載用の「駄馬」数は四十八頭であり、三個小隊を擁する「駄馬中隊」の「駄馬」数は、百四十四頭となり、「駄馬中隊」の物資輸送量は約十三・五トン（表1―2）である。

（表1-3）

部隊編成			駄馬数（頭）		輸送量（トン）	
中隊本部			—		—	
自衛隊						
第一小隊	第一分隊	第一班	12	96	4.5	9
		第二班	12			
		第三班	12			
		第四班	12			
	第二分隊	第一班	12		4.5	
		第二班	12			
		第三班	12			
		第四班	12			
第二小隊	第一分隊	第一班	12	96	4.5	9
		第二班	12			
		第三班	12			
		第四班	12			
	第二分隊	第一班	12		4.5	
		第二班	12			
		第三班	12			
		第四班	12			
第三小隊	第一分隊	第一班	12	96	4.5	9
		第二班	12			
		第三班	12			
		第四班	12			
	第二分隊	第一班	12		4.5	
		第二班	12			
		第三班	12			
		第四班	12			
合　計			288		27	
備　考			予備駄馬を除く			

このほか上記の四個「班」を擁する、「駄馬

「支那事変」下での北支の悪路を進む「駄馬中隊」。輜重兵の「班長」と「馭兵」である「輜重特務兵」に混じり、「補助兵」が馬匹の引き上げを行なう様子が写されている

昭和初期の「輜重兵第二大隊」での輸送訓練中の「輓馬中隊」。武装した「輜重兵」の護衛・誘導のもとに、「馭兵」である「銃剣」のみを装備した「輜重輸卒」が「輜重車」を引いている様子が良くわかる

昭和初期の「輜重兵第二大隊」での自衛戦闘訓練の様子。班ないし分隊単位で、馬匹を中央に「輜重車」で「防御円陣」と呼ばれる円陣を組んで、「輜重兵」が小銃で応戦する。写真では乗馬した「班長」が円陣の中に入り、写真左端に伏せた状態の「輜重兵」を指揮している

分隊」二個より編成される一個「駄馬小隊」の物資駄載用の「駄馬」数は九十六頭であり、三個小隊を擁する「駄馬中隊」の「駄馬」数は、二百八十八頭となり、「駄馬中隊」の物資輸送量は約二十七トン（表1―3）である。

輓馬中隊

「輓馬中隊」は、「中隊本部」と「輓馬小隊」三個と「自衛隊」より編成されていた。

「中隊本部」と「自衛隊」の編成は、既述の「駄馬中隊」と同様である。

「輓馬小隊」は通常「輜重兵少尉」が小隊長を務め、隷下に「輓馬分隊」二個を擁する。

「輓馬分隊」は通常「輜重兵軍曹」が

分隊長となり、二～四個の「班」に別けられる。

各班は乗馬の「輜重兵」を「班長」として「輓馬」「輜重車」六～十二組と「輜重輸卒」による「馭兵」六～十二名の合計七～十三名より編成される。また地形や戦況によって各班宛に馬匹取り扱いをサポートする「予備卒（予備兵）」を「輜重車」二～三組に一名宛を配属する。

一般的な「輓馬分隊」は、「班長」と「輓馬」「輜重車」八組と「輜重輸卒」による「馭兵」八名と「予備卒」四名の合計十三名より構成される「輓馬班」三個より編成され、人員は「分隊長」以下四十名と「輓馬」「輜重車」二十四組である。

仮に上記の三個「班」を擁する、「輓馬分隊」二個より編成される一個「輓馬小隊」の物資運搬用の「輓馬」「輜重車」数は四十八組であり、三個小隊を擁する「輓馬中隊」の「輓馬」「輜重車」数は百四十四組となり、このほかに中隊の備品・糧秣等を運ぶ「輓馬」「輜重車」と「予備馬」「乗馬」を入れると一個中隊の馬匹数は約二百頭、人員は約二百五十名を擁するようになる。「輓馬」の牽引する「輜重車」一台当たりの荷物輸送量は五十貫（百八十七・五キロ）であるために一個「輓馬中隊」の物資輸送量は約二十七トン（表2—1）である。

また上記の二個「班」を擁する、「輓馬分隊」二個より編成される一個「輓馬小隊」

の物資運搬用の「輓馬」「輜重車」数は三十二組であり、三個小隊を擁する「輓馬中隊」の「輓馬」「輜重車」数は九十六組となり、「輓馬中隊」の物資輸送量は約十八トン（表2―2）である。

このほか、上記の四個「班」を擁する、「輓馬分隊」二個より編成される一個「輓馬小隊」の物資運搬用の「輓馬」「輜重車」数は六十四組であり、三個小隊を擁する「輓馬中隊」の「輓馬」「輜重車」数は百九十二組となり、「輓馬中隊」の物資輸送量は約三十六トン（表2―3）である。

輓馬中隊の編成と輸送量

（表2-1）

部隊編成			輜重車数（台）		輸送量（トン）	
中隊本部			—		—	
自衛隊						
第一小隊	第一分隊	第一班	8	48	4.5	9
		第二班	8			
		第三班	8			
	第二分隊	第一班	8		4.5	
		第二班	8			
		第三班	8			
第二小隊	第一分隊	第一班	8	48	4.5	9
		第二班	8			
		第三班	8			
	第二分隊	第一班	8		4.5	
		第二班	8			
		第三班	8			
第三小隊	第一分隊	第一班	8	48	4.5	9
		第二班	8			
		第三班	8			
	第二分隊	第一班	8		4.5	
		第二班	8			
		第三班	8			
合　計			144		27	
備　考			予備輜重車を除く			

（表2-2）

部隊編成			輜重車数（台）		輸送量（トン）	
中隊本部			—		—	
自衛隊						
第一小隊	第一分隊	第一班	8	32	3	6
		第二班	8			
	第二分隊	第一班	8		3	
		第二班	8			
第二小隊	第一分隊	第一班	8	32	3	6
		第二班	8			
	第二分隊	第一班	8		3	
		第二班	8			
第三小隊	第一分隊	第一班	8	32	3	6
		第二班	8			
	第二分隊	第一班	8		3	
		第二班	8			
合計			96		18	
備考			予備輜重車を除く			

（表2-3）

部隊編成			輜重車数（台）		輸送量（トン）	
中隊本部			—		—	
自衛隊						
第一小隊	第一分隊	第一班	8	64	6	12
		第二班	8			
		第三班	8			
		第四班	8			
	第二分隊	第一班	8		6	
		第二班	8			
		第三班	8			
		第四班	8			
第二小隊	第一分隊	第一班	8	64	6	12
		第二班	8			
		第三班	8			
		第四班	8			
	第二分隊	第一班	8		6	
		第二班	8			
		第三班	8			
		第四班	8			
第三小隊	第一分隊	第一班	8	64	6	12
		第二班	8			
		第三班	8			
		第四班	8			
	第二分隊	第一班	8		6	
		第二班	8			
		第三班	8			
		第四班	8			
合計			192		36	
備考			予備輜重車を除く			

自衛隊

物資輸送に特化した輜重部隊は敵部隊に襲撃される場合も多く、敵襲の際に「輜重輸卒」は「輜重車」ないし「駄馬」で「防御円陣」とよばれる円陣を組み、「輜重兵」は個人携帯火器である「三八式騎銃」による応戦を行なった。

また各「輜重兵中隊」では中隊単位で「自衛隊」と呼ばれる防衛部隊を編成して、後方攪乱を目的としたゲリラ・パルチザンや敵性住民や敗残部隊からの攻撃に備えた。

「自衛隊」は「輜重兵中隊」ごとに編成される自衛部隊であり、通常は「隊本部」と二〜四個の「自衛分隊」で編成される小隊規模の部隊で、通常は「中隊本部」付の「曹長」が自衛隊長を務める。

「自衛隊」は「徒歩編成」の場合は「徒歩小隊」ないし「徒歩隊」と呼ばれることもあり、また戦況によっては「自衛隊」の全部もしくは一部を乗馬編成として「乗馬自衛小隊」ないし「乗馬自衛分隊」を編成して、馬匹の機動力を生かして行軍長径の長い中隊の護衛の便を図るケースもあった。

Column コラム❷ 支那事変下での宿営

戦場で民家に宿営する将兵は、国内と異なる生活文化に
悩まされつつ戦場での生活を送っている。
以下に「支那事変」下の宿営時に将兵たちが遭遇した
農村部を主体とした支那民家のさまざまな生活用品を紹介する

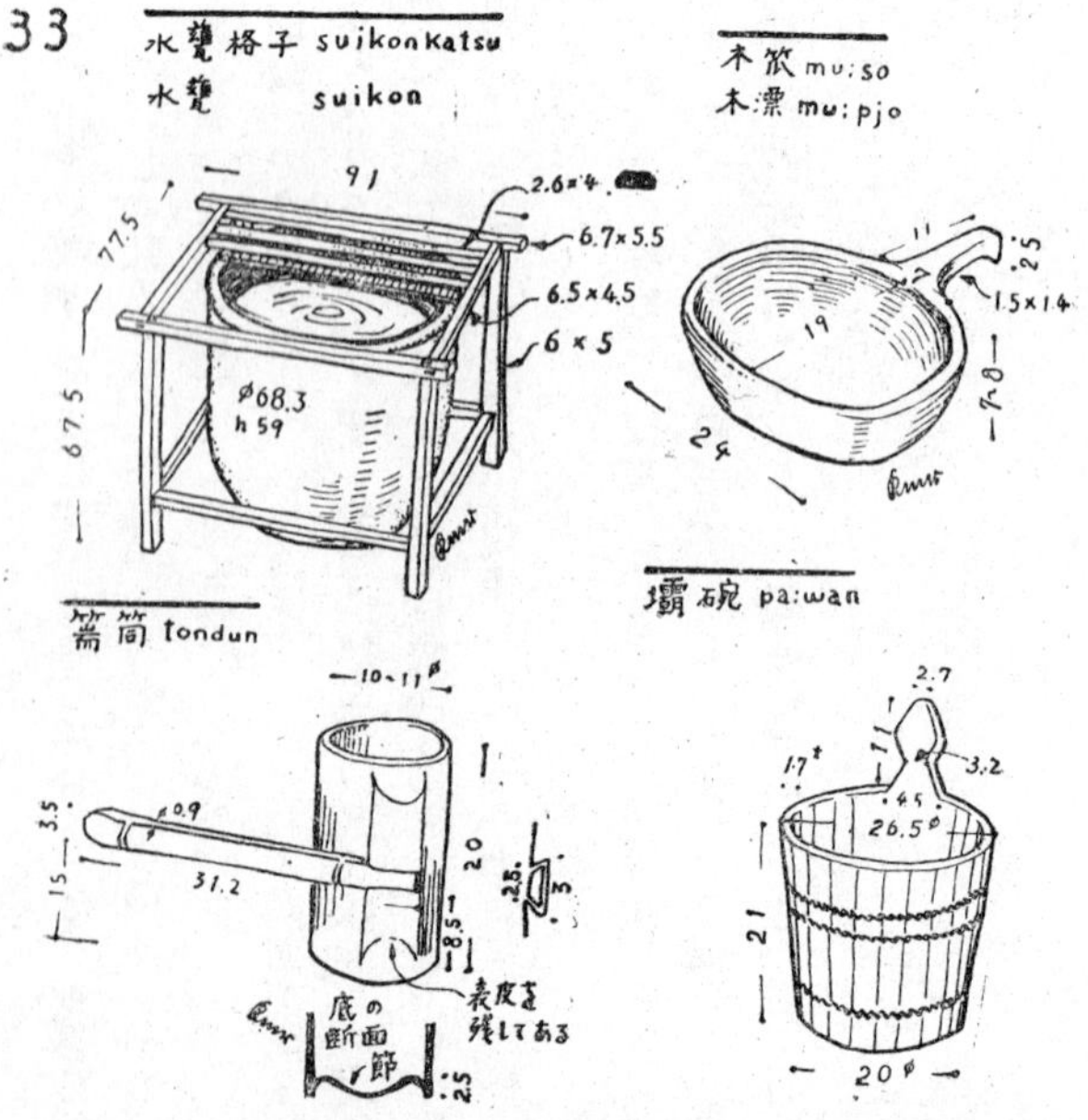

「水瓶」と「水杓子」の一例。井戸ないし河川・湖沼から汲まれた飲料水や生活用水は「水瓶」に溜められた。「水瓶」は異物混入防止のために木蓋が付けられるとともに、転倒と破損防止の目的で木枠を付けられたものもあった。水を汲み取る「水杓子」には木製や竹製などさまざまなタイプがあり、木製の「木笊」「木漂」、竹製の「篙筒」、木桶タイプの「壩碗」など名前が付けられていた

「竈」の一例。「灶《そう》」と呼ばれる竈の多くは 2 つの鍋・釜が併用できるようになっているタイプが多く、燃料は薪類・石炭・高粱殻等と多種多様であった

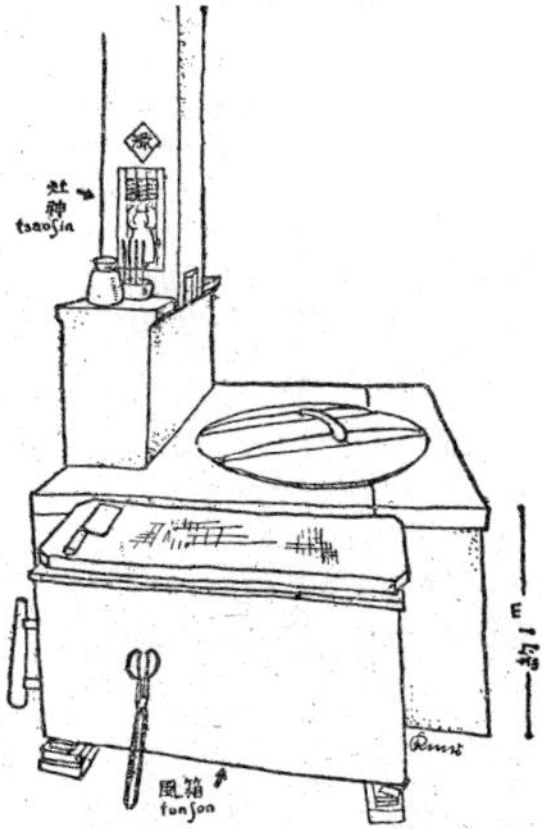

「竈」の一例。「風箱」と呼ばれる火力調製用の鞴を併設した竈の一例

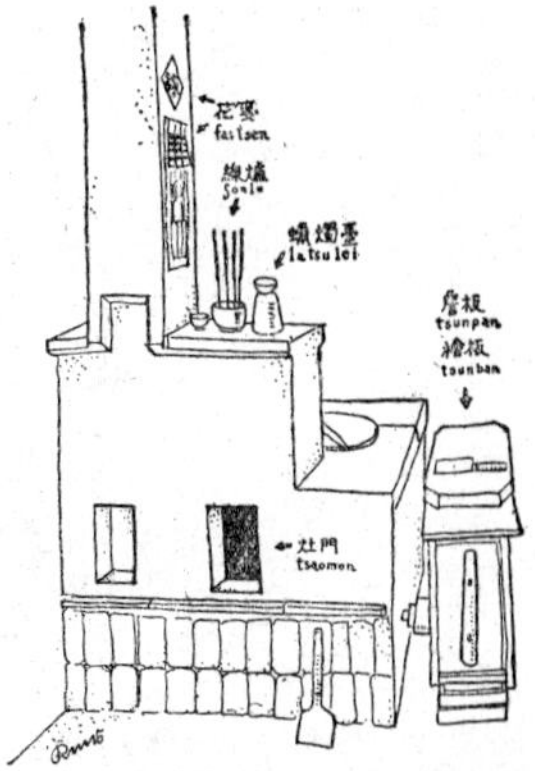

左図竈の背面図。煙突部分には神棚が設けられているケースもある。「風箱」の上面は調理台を兼ねている

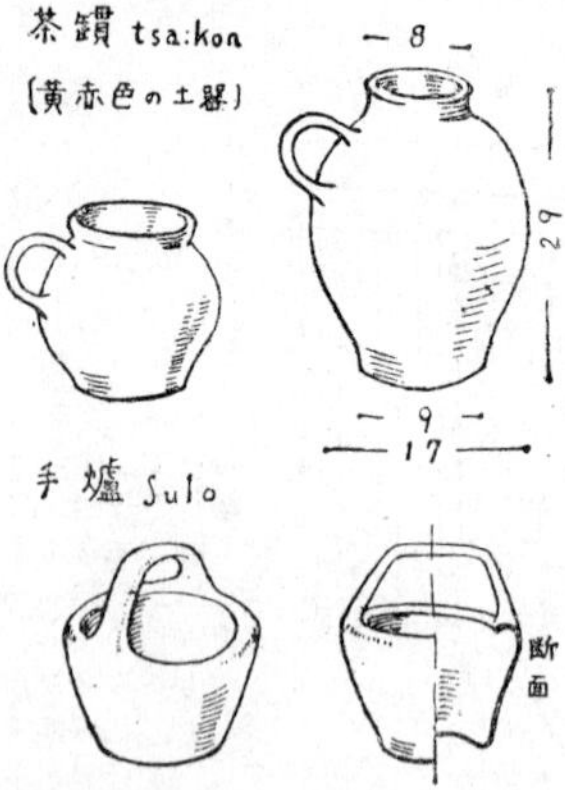

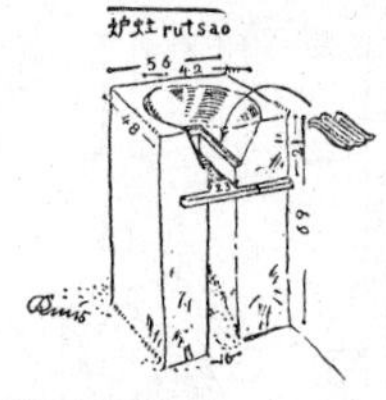

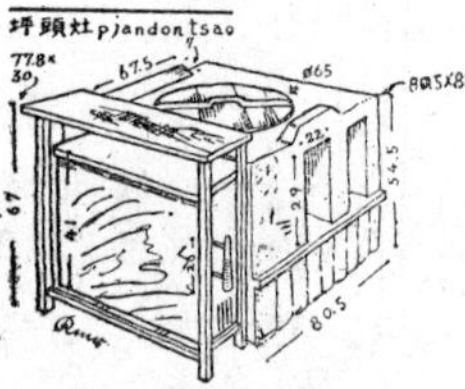

「湯沸」と「手火鉢」。ともに土器製であり、「湯沸」は「茶罐」と呼ばれ竈に掛けるほかに竈内に直接入れて湯を沸かす場合もある。「手爐」と呼ばれる採暖用の「手火鉢」は内部に炉の灰を満たしておき燃料として炭を用いる

「竈」の一例。煙突の無いタイプの竈であり、下のイラストは送風用の鞴が併設されている

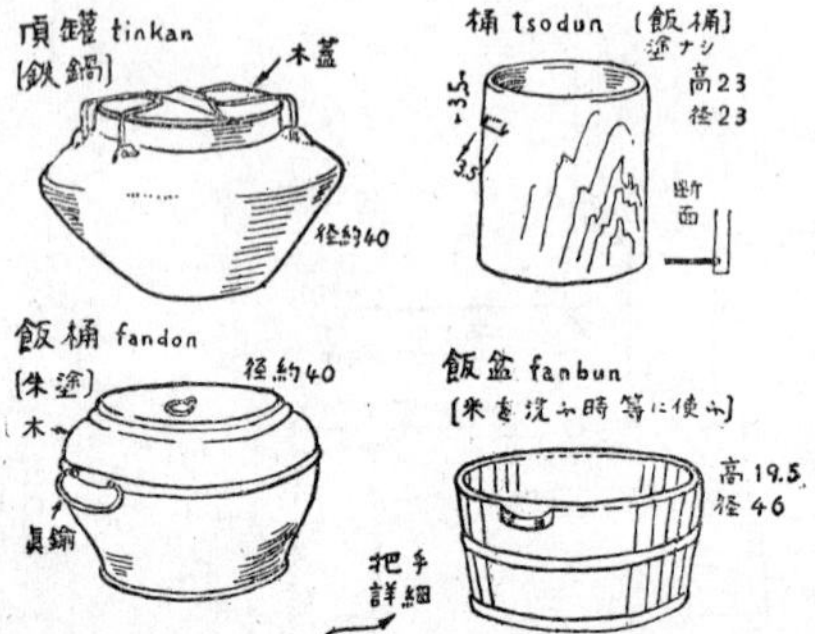

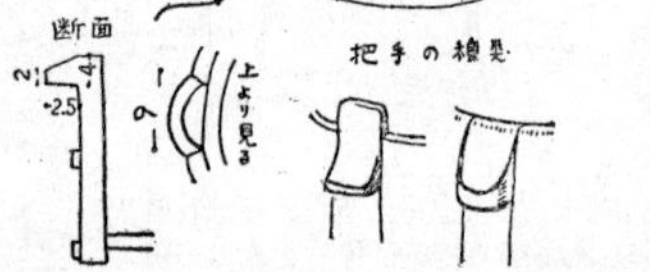

「鉄鍋」と「飯桶」。竈に掛ける調理用の「鉄鍋」は「頂罐」等と呼ばれ、「飯桶」は真鍮製で朱塗りのものが多く、その他に洗米桶と兼用できる「飯盆」がある

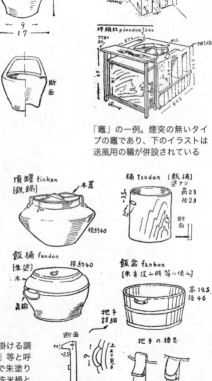

「便所」。大陸での農村部での便所の多くは肥溜の上に設置されているケースが多く、簡易的な雨除けが付けられている

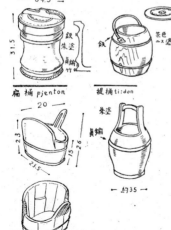

「便器」と「手提桶」。大陸では便所のほかに室内に「御丸」スタイルの「便器」と「手提桶」を寝室兼用の居間にある寝台に併設して置かれるケースも多い。「馬桶」と呼ばれる「便器」は大小兼用の腰掛式であり、真鍮ないし鉄製で琺瑯引の上から朱塗りないし茶色のニスを掛けたものが多く、幼児用のものには取手付きの「扁桶」と呼ばれるものがある。また手洗用として真鍮製で朱塗りの「提桶」がある。「馬桶」は毎日、内容物を肥溜に投棄してから河川等に竹製ササラにて洗浄する。なお宿営に際して将兵たちが、朱塗りの「馬桶」と「飯桶」を間違えて使用するケースが多く発生している

 図版類は「戦線・民家（河村五朗著、相模書房、昭和18）」より転載

第13話

駄馬と輜重車③

「小隊本部」と「自動車分隊」で編成された「自動車小隊」や、「大行李《だいこうり》」と「小行李《しょうこうり》」と呼ばれる補給部隊等、日本陸軍の各種補給機関を紹介する

自動車中隊の編成

昭和五年の時点での「自動車中隊」は、「中隊本部」と「自動車小隊」二〜三個より編成されていた。

「自動車小隊」は、「小隊本部（小隊長は輜重兵少尉）」と「自動車分隊」二〜三個より編成されており、自動車一台を運転するには兵員二名一組を「運転手」と「助手（運転助手）」として配備する。

「小隊本部」は部隊の指揮連絡と道路偵察を目的とした小隊長車として「乗用自動車」ないし「側車付自動二輪車（サイドカー）」一台を装備しており、隷下にある「自動車分隊」は二〜六両の「自動貨車」を装備していた。

「自動車小隊」が、各三台の「自動貨車」を装備する「自動車分隊」三個で編成される場合の小隊の保有する「自動貨車」は九台であり、「自動貨車」一台の貨物搭載量は一・五トンであることから小隊の貨物輸送量は十三・五トンである。

この「自動車小隊」二個で「自動車中隊」を編成した場合の中隊の「自動貨車」は十八台であり中隊の貨物輸送量は二十七トン（表3―1）であり、「自動車小隊」三個の場合の中隊の貨物輸送量は四十・五トン（表3―2）となる。

また「自動車小隊」が、各五台の「自動貨車」を装備する「自動車分隊」二個で編成される場合の小隊の「自動貨車」は十台であり、小隊の貨物輸送量は十五トンであ

自動車中隊の編成と輸送量

（表3－1）

部隊編成		自動貨車台数（台）		輸送量（トン）	
中隊本部		――		――	
第一小隊	第一分隊	3	9	4.5	13.5
	第二分隊	3		4.5	
	第三分隊	3		4.5	
第二小隊	第一分隊	3	9	4.5	13.5
	第二分隊	3		4.5	
	第三分隊	3		4.5	
合　計		18		27	
備　考		予備車両を除く			

（表3-2）

部隊編成		自動貨車台数（台）		輸送量（トン）	
中隊本部		――		――	
第一小隊	第一分隊	3	9	4.5	13.5
	第二分隊	3		4.5	
	第三分隊	3		4.5	
第二小隊	第一分隊	3	9	4.5	13.5
	第二分隊	3		4.5	
	第三分隊	3		4.5	
第三小隊	第一分隊	3	9	4.5	13.5
	第二分隊	3		4.5	
	第三分隊	3		4.5	
合　計		27		40.5	
備　考		予備車両を除く			

る。

この「自動車小隊」二個で「自動車中隊」を編成した場合の中隊の「自動貨車」は二十台で、中隊の貨物輸送量は三十トン（表3―3）であり、「自動車小隊」三個の場合の中隊の貨物輸送量は四十五トン（表3―4）となる。

このほかに「自動車中隊」は、「中隊本部」の中隊長用の「乗用車」の他に、故障に備えた予備の「自動貨車」と、自隊の糧食・燃料等を運ぶための「自動貨車」とともに、車両修理器材を搭載した「修理車」と呼ばれるトラックを装備していた。

第12話にある「駄馬中隊」と「輓馬中隊」の編成に比較して、荷物の搭載量と効率

（表3-3）

部隊編成		自動貨車台数（台）		輸送量（トン）	
中隊本部		——		——	
第一小隊	第一分隊	5	10	7.5	15
	第二分隊	5		7.5	
第二小隊	第一分隊	5	10	7.5	15
	第二分隊	5		7.5	
合計		20		30	
備考		予備車両を除く			

（表3-4）

部隊編成		自動貨車台数（台）		輸送量（トン）	
中隊本部		——		——	
第一小隊	第一分隊	5	10	7.5	15
	第二分隊	5		7.5	
第二小隊	第一分隊	5	10	7.5	15
	第二分隊	5		7.5	
第三小隊	第一分隊	5	10	7.5	15
	第二分隊	5		7.5	
合計		30		45	
備考		予備車両を除く			

と人員の省略の三つの視野より、「自動車」が「輓馬」による「輜重車」の牽引に比べてどれだけ能率的であり、さらには「駄馬」がどれだけ能率が悪い輸送システムであるかがわかる。

大行李と小行李

師団隷下の各聯隊ないし大隊では、戦時のみに編成される「大行李《だいこうり》」と「小行李《しょうこうり》」と呼ばれる補給部隊がある。「大行李」「小行李」の要員は「輜重兵大隊」より派遣された「下士官」「兵」「輜重輸卒（輜重特務兵）」で編成された。

「大行李」は「輜重兵大隊」隷下の「輜重兵中隊」より受け取った糧秣等を「聯隊」ないし「大隊」の隷下部隊に運搬する部隊である。

「大行李」の編成は、輜重兵の下士官ないし兵を「大行李長」として、その下に「輜重兵」を

大行李の編成例

大行李長		輜重兵下士官 又は輜重兵
第一班	班長	輜重兵
	班員	輜重輸卒
第二班	班長	輜重兵
	班員	輜重輸卒
第三班	班長	輜重兵
	班員	輜重輸卒
第四班	班長	輜重兵
	班員	輜重輸卒

小行李の編成例

小行李長		輜重兵下士官 又は輜重兵
第一班	班長	輜重兵
	班員	輜重輸卒
第二班	班長	輜重兵
	班員	輜重輸卒
第三班	班長	輜重兵
	班員	輜重輸卒
第四班	班長	輜重兵
	班員	輜重輸卒

「支那事変」下での泥濘地を進む輜重隊の自動貨車。
降雨と通過部隊の轍により通過不可能となった道路の補修作業が行なわれている

「班長」とした複数の班を編成しており、馬匹牽引の「輜重車」による車両編成が主体であり、作戦地域の道路状況により「輜重車」と「駄馬」の混合編成ないし「駄馬」編成が採られた。

「大行李」の主要な輸送物品は糧秣であり、このほかに将校の被服・私物を収めた「将校行李」と呼ばれる衣料ケースや、部位で用いる各種の消耗品の類の補給にも用いられた。

「大行李」が糧秣を交付する場合は、聯隊長ないし大隊長が指示する場所に「大行李」を進出させて「糧秣交付所」を設置して隷下部隊に糧秣を交付するほか、状況に応じては各中

「支那事変」下での自動車隊の露営状況。
「便衣隊」と呼ばれるゲリラの襲撃に備えて自動車による防御円陣が組まれている

隊単位に糧秣を配給する場合もある。

「小行李」は「輜重兵大隊」隷下の「輜重兵中隊」より受け取った弾薬・機材の類を聯隊ないし大隊の隷下部隊に運搬する部隊である。

「小行李」の編成は、輜重兵の下士官ないし兵を「小行李長」として、その下に「輜重兵」を「班長」とした複数の班を編成しており、「駄馬」編成が主体であった。

歩兵の弾薬補給の場合は、通常「歩兵大隊長」が指定した場所に「小行李」を進出させて「弾薬交付所」を開設するか、隷下の各中隊まで「小行李」が弾薬を届ける。

物資の搭載方法

以下に「駄馬」による「駄鞍」への物資の「駄載」と、「輓馬」による「輜重車」への物資の「車載」方法を以下に示す。

駄載

陸軍の主要「駄鞍」は明治三十三年制定の「三三式輜重駄馬具」と、この改良型で大正五年制定の「五年式輜重駄馬具」である。「駄馬」の背中に設置した駄載用の鞍である「駄鞍」の荷物搭載量は二十五貫（九十三・七五キロ）である。

荷物は駄載の前に「荷縄」で確実に梱包し、荷物を「駄鞍」に駄載する場合は左右の重量が均衡になるように注意を払い、極力四名一組での駄載作業を行なう。梱包に際して通常は荷物に垂直方向に三本の「横綱」を掛けるとともに、側面と上下の横方向に「縦綱」を一本ずつ掛ける。

駄載に際しては『積む用意』の号令で四名の兵は二列に並び、『積め』の号令で荷物を駄鞍に搭載して、「駄鞍」に付随する「鎖」ないし「荷造縄」で荷物を固定する。荷物搭載後は四名の兵は『積む用意』の号令の位置に戻り、『解れ』の号令で解散する。

「卸下」と呼ばれる荷物を下ろす場合は、『卸す用意』の号令で荷物を下ろす準備を行ない、『卸せ』の号令で左右均等に荷物を下ろす。

通常の駄載の場合、各種の「器材箱」「器具罐」や医療品を収めた「隊醫扱」や、「小銃弾薬箱」「野砲弾薬箱」等の梱包された箱類は駄鞍の左右に一個ずつの合計二個

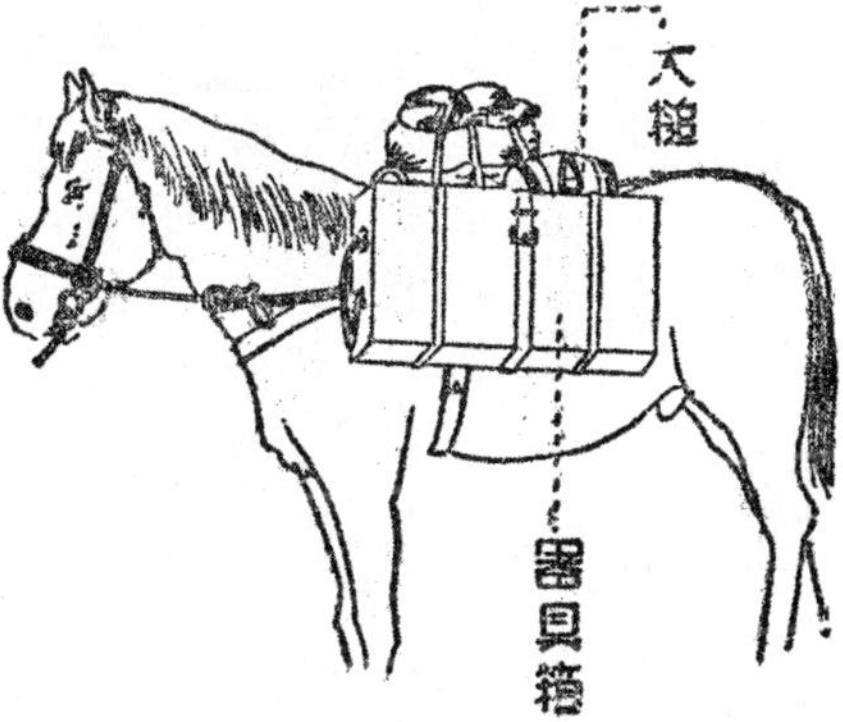

駄鞍への箱類の駄載要領。駄鞍の左右に工兵用の「器材罐」1個ずつと、「携帯工具」を搭載する要領

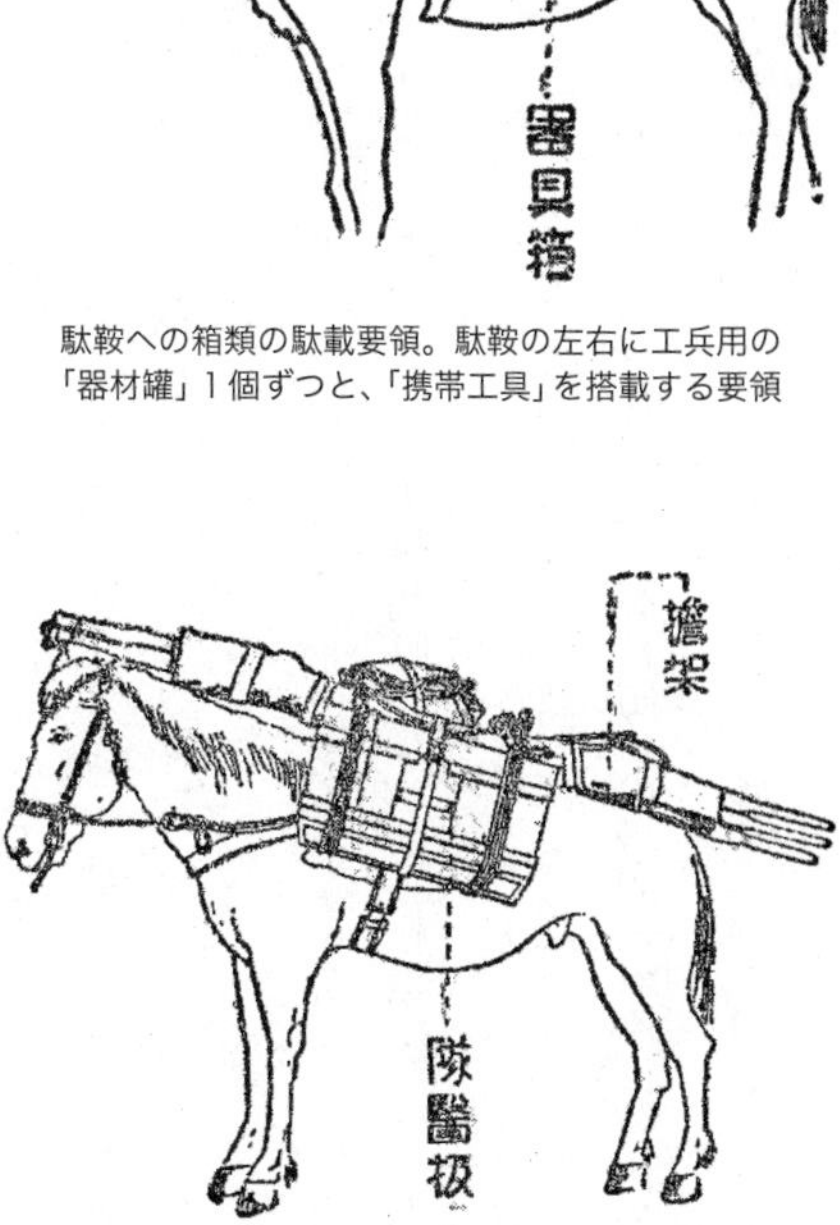

駄鞍への箱類の駄載要領。駄鞍の左右に衛生隊用の衛生器材を収めた「隊医扱」を1個ずつと、「担架」を搭載する要領

を搭載する。

また二斗入の「米叺」は、駄鞍の左右と上部に合計三つを駄載する。二斗入「米叺」の総重量は三十六キロで米の重量は三十三キロである。

車載

陸軍の主要「輜重車」は明治三十九年制定の「三九式輜重車」であり、「輓馬」に装着した牽引用アダプターである「三八式輜重輓馬具」により「輜重車」の牽引を行なう。

「輓馬」で牽引する「三九式輜重車」の荷物搭載量は五十貫（百八十七・五キロ）であり、荷物の車載に際しては、荷物の破損防止と脱落防止の目的で車体に荷物を「荷縄」で確実に固定させる。

荷物の車載例としては以下がある。

糧秣では、「米叺（二斗入）」は六つを搭載する場合は、車体上に四個を前後に並べてからその上に二個を横に置く。「麦叺（三斗入）」は五つを搭載する場合は、車体上に四個を前後に並べてからその上に一個を横に置く。

「弾薬箱」では、千四百四十発入の「小銃弾薬箱」は四個を荷台に対して横（箱の長辺を車軸に並行にする）にして前後に並べ、二発入りの「野砲弾薬箱」は五個を横前

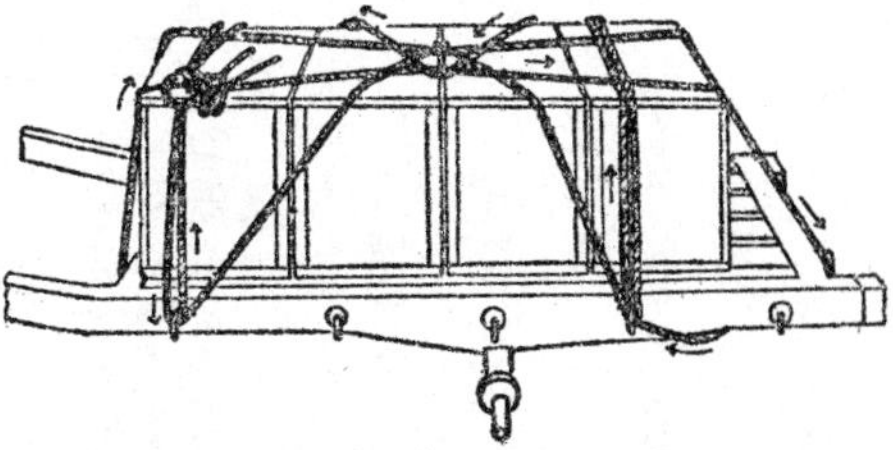

輜重車への箱類の車載と荷縄による固定要領。サスペンションの無い「輜重車」は走行時の振動がそのまま荷物に伝播するために、輸送時は「荷縄」による荷台への荷物の確実な固定が必要であった

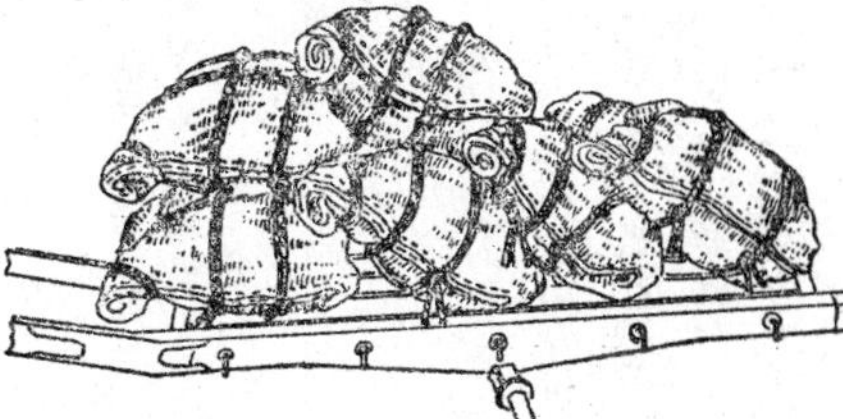

輜重車への「米叺」の車載要領。荷台上には6つの「米叺」が搭載されており、「米叺」自体も輸送時の動揺による内容物の変形・移動防止のために荷縄で格子状に縛る

後に並べる。また五四〇発入の「機関銃弾薬箱」は一〇個を、六個を縦にして一個ずつ前後に並べた上に四個を二個ずつ前後二列に並べて搭載する。

「行李」類では、諸器材を入れた「公用行李」と「将校行李」は十二個を四個を縦にして二つずつ前後に並べて三段重ねとし、金品を入れた「金櫃」は「公用行李」「将校行李」と混載するほか、単体で搭載する場合は内容の重量により搭載量を加減する。

第14話

加給品と煙草

戦場における煙草、外地の軍用煙草、
そして戦時下における国民生活及び煙草等、
将兵に必要不可欠な各種「煙草」の事柄を紹介する

煙草専売制の開始と軍用煙草「誉」

わが国は古来より煙草が存在しており、その主流は「煙管《きせる》」を用いた「刻煙草《きざみ》」が主流であったが、明治以降は海外からの「紙巻煙草」の輸入があり、「煙管」を用いずとも簡単に喫煙できることから「紙巻煙草」は急速に普及していった。

この時期の煙草販売は全国規模の流通はなく、国内の各地域ごとに確立された地場産業として国内各地で適宜に製造・販売されていた。

明治三十年になると政府は煙草による確実な税収を得ることを目的として、同年七月一日の「煙草専売法」の実施により、煙草は「煙草専売局」による製造専売となった。

このような国家管理による煙草の専売体制の確立の中で、軍隊専用の軍用煙草として「保万礼《ほまれ》（後に「誉」）」が出現した。

「保万礼」は明治三十八年五月十七日に販売された「両切紙巻煙草」であり、元々は満洲方面への輸出を視野に入れて製造されたものであるが、輸出成績が良好で無く販売シェアを変えて国内販売用にされた銘柄であった。

「保万礼」は「日露戦争」の戦勝を記念して二十本入りの紙製パッケージには、陸軍の「聯隊旗」と海軍の「軍艦旗」を交差させたデザインであり、大正二年十二月より軍隊専用の軍用煙草となり陸海軍の「酒保」にて販売された。

「保万礼」のパッケージは元々カラー印刷であったが、大正七年よりセピア一色の印刷となる。

本邦の煙草価格の改正一覧（表1）

年　度	告示年月日	実施年月日	内　容
明治40年度	40. 2. 9	40. 4. 1	値上げ
明治40年度	40. 12. 28	即日	値上げ
大正6年度	6. 12. 1	即日	値上げ
大正8年度	8. 8. 6	即日	値上げ
大正11年度	11. 8. 21	11. 10. 1	値下げ
大正14年度	14. 11. 7	即日	値上げ
昭和11年度	11. 11. 11	即日	値上げ
昭和12年度	13. 1. 31	即日	値上げ
昭和14年度	14. 11. 16	即日	値上げ
昭和16年度	16. 11. 1	即日	値上げ
昭和18年度	18. 1. 17	即日	値上げ
昭和18年度	18. 12. 27	即日	値上げ
昭和20年度	20. 2. 17	即日	値上げ

また大正十五年以降、パッケージの記載が漢字の「保万礼」と平仮名の「ほまれ」の併記より、漢字の「誉」と平仮名の「ほまれ」の併記に変更された。

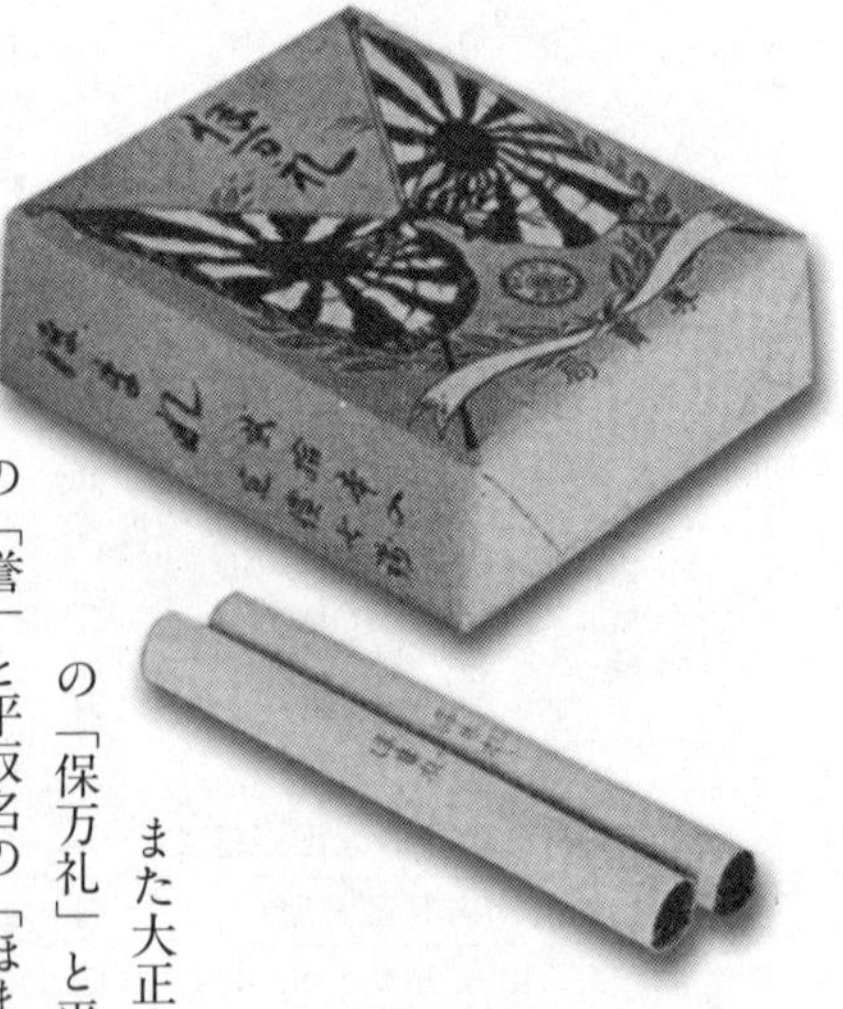

軍用煙草「保万礼」

戦前期のわが国では時局の移行にあわせて、市井で市販されていた一般的な煙草の価格は、表1のように終戦までに延べ十三回の改正があったものの、軍用煙草である「誉」は、すべてこの価格改正の対象から除外されていた。

ただし、例外的に原材料費の高騰に起因する「誉」の価格移行は表2のとおりである。

軍用煙草「誉」の価格移行
（表2）

時　　期	価格
明治38. 5. 17	5銭
大正6. 12. 1	6銭
大正8. 8. 6	7銭
大正11. 10. 1	6銭
大正14. 11. 7	7銭

加給品と煙草

戦場での将兵の食料品支給は、日本陸軍のオフィシャルな戦時給与規定である「陸軍戦時給与規則」により毎日宛に規定量が支給された。

これらの支給される食料品の中には主食・副食のほかに、「日用品」とあわせて「加給品」とよばれる嗜好品があり、この中に酒類や「甘味品」と呼ばれる菓子類とあわせて「煙草」があった。

昭和五年の時点で「陸軍戦時給与規則」に規定された将兵一人一回宛の「加給品」の支給定量は、酒菓子類では「清酒」四百ccないし「火酒」百ccないし「甘味品」百二十グラムのうちから一品と、煙草は「紙巻煙草」が二十本であり、昭和十三年四月の「陸軍戦時給与規則」の改正後もこの定量は同じであった。

「煙草」の銘柄は軍用煙草である「誉」の他に、市井より軍が買い上げた「ゴールデンバット」「チェリー」「響」「暁」「光」などがあった。

これらの煙草の銘柄も「支那事変」を契機として横文字の呼称が漢字表記に逐次に改正され、「ゴールデンバット」は「金鵄」、「チェリー」は「櫻」等と改称された。

また、この「陸軍戦時給与規則細則中改正」により「日用品」の給与体系も、表3

「金鵄」。戦時体制下で「ゴールデンバット」の名称を改称したもの

「ゴールデンバット」。軍用として民間から大量の買い上げが行なわれた銘柄の一つであり、「バット」の通称で呼ばれていた

「暁」

「チェリー」。後に「櫻」と改名される

「國華」と「敷島」

日用品支給数新旧対照表（表3）

品　目	旧　式		新　式	
	給與員数	給與基準期限	給與員数	給與基準期限
手　拭	1筋	2月	1筋	2月
石　鹸	1個	2月	1個	2月
歯磨楊枝	1本	3月	1本	3月
歯磨粉	1袋	1月	1袋	1月
落　紙	──	──	150枚	1月
鉛　筆	1本	3月	1本	1月
私製葉書	3枚	1月	20枚	2月
便　箋	10枚	1月	100枚	1月
角封筒	5枚	1月	10枚	1月
褌	──	──	1筋	1月

の「日用品支給数新旧対照表」のように変更された。

この改正では、動員兵員の自己負担軽減と戦時体制による市井の物資不足を顧慮して、従来は将兵の自弁調達であった「落紙」と「褌」の支給が追加された。

戦場での煙草

平時と戦時に関わりなく激務と緊張の連続である軍隊内では、「小休止」等のわずかな時間に喫煙することで気分転換と士気回復となる「煙草」の存在は大きく、将兵のほとんどが煙草を嗜《たしな》んでいた。

将兵は煙草を吸う際には「マッチ」による点火が主流であり、戦前期の民間でも普及率の低かった「ライター」の使用例は希少であった。

戦場での喫煙時にはとくに注意事項として、夜間では喫煙者の煙草の火から敵に対しての位置暴露を防ぐために喫煙時の姿勢を低くしたり、掌で煙草を被っての遮光が徹底されていた。

また火災・失火防止のために吸殻やマッチの完全消火とともに、あわせて敵サイドに対しての部隊展開の痕跡を悟らせないために、これらの埋没処理が徹底されていた。

煙草の携帯方法としては陸軍正規の規定は無く、将校では「軍衣」の腰部ポケット

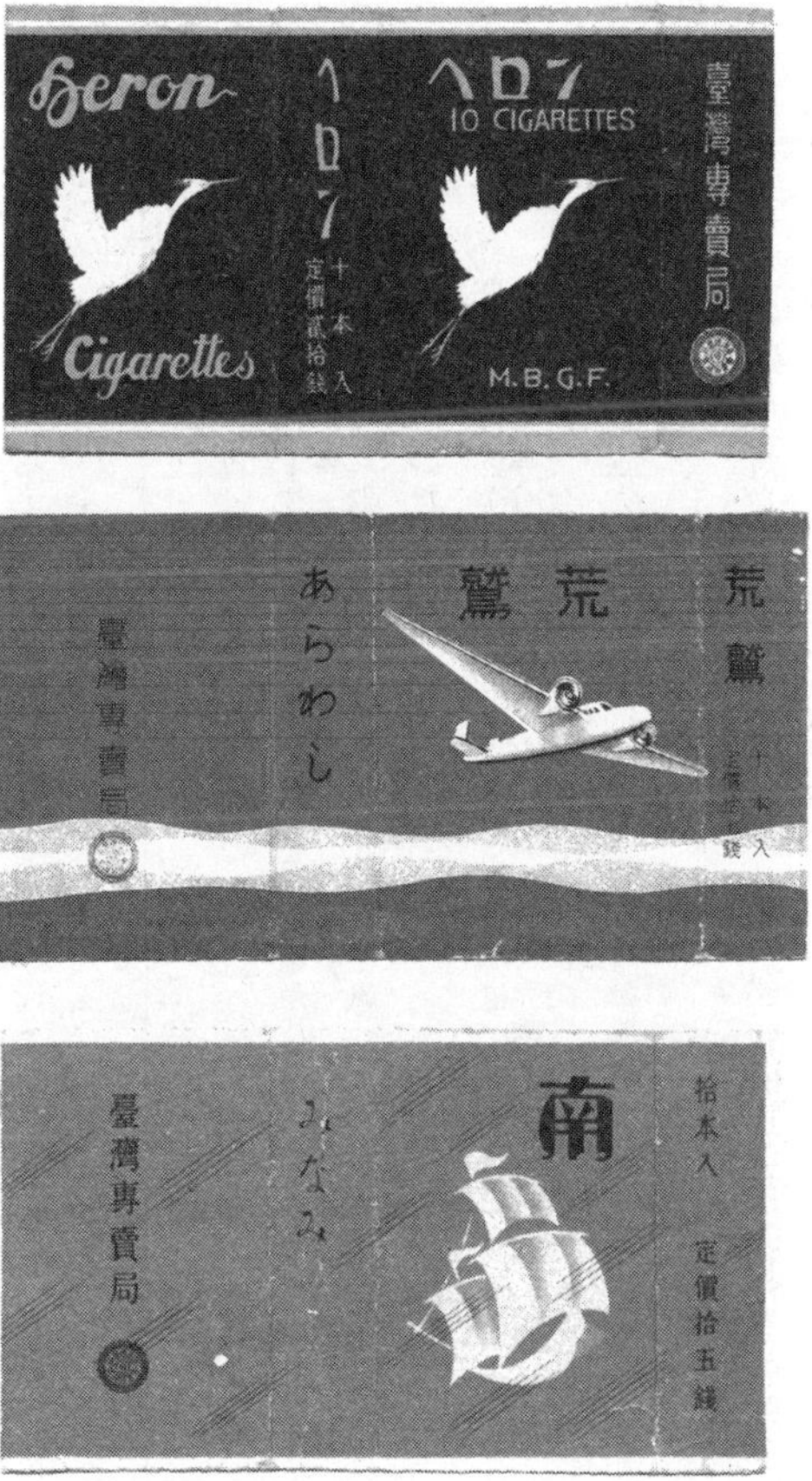

台湾総督府専売局の煙草の一例。上から「ヘロン」「荒鷲」「南」

ないしは「図嚢」に収め、下士官兵は改正以前では「軍衣」の腰部分にポケットが無かったために「雑嚢」に入れる場合が多かった。あわせて戦場では湿気対策として煙草を油紙に包む等の防湿対応がとられ、このほかに「マッチ」も防湿のために菓子等のブリキ缶に収めることが多かった。

外地の軍用煙草

「支那事変」の勃発とともに、軍用煙草「誉」の不足から軍は「専売局」より大量の民生用煙草の買付が行なわれ、陸軍では「陸軍糧秣本廠」、海軍では「海軍省経理局」が市井よりの買付を行なった。

「支那事変」勃発以降に逐次に戦火の拡大する大陸では、従来までは米英のトラストが煙草の製造販売に関しては強制力を持っていたものの、戦局の拡大にあわせて大陸各地に邦人経営の煙草製造会社が進出して、現地資材を利用した現地軍向けの軍用煙草の製造に従事している。

このほかに正規の軍用煙草としては、朝鮮の「朝鮮総督府専売局」が「朝鮮軍」専用に製造した「かちどき」や、「台湾総督府専売局」の製造した「台湾軍」専用の「つわもの」があるほか、「関東軍」が関東軍専用煙草として在満の「東亜煙草会社」

により製造した「極光」等がある。

「大東亜戦争」勃発後は、「マライ」「ジャバ」等の占領地に存在していた現地の煙草工場を接収して、既存のパッケージに「軍用」と張り紙を付けた現地軍専用の軍用煙草の整備・調達も行なわれている。

また制海権の喪失により内地からの補給路が途絶した南方等の地域では、現地部隊の創意工夫による食糧・兵器・弾薬・機材等の現地自活と併設して、現地にある煙草の葉や代替となる草葉を利用した「代用煙草」の作製が行なわれた。

戦時下の国民生活と煙草

煙草の国内生産は「大東亜戦争」勃発後よりさらに増加しており、昭和十八年度の年間生産量は八百十一億本を記録したが、爾後は戦局悪化とともに先細りとなった。

戦時下で各種物資が配給制となる中で、煙草だけは嗜好品の観点より逼迫する物資不足の中にあって欠品はあるものの一貫しての自由販売が採られていたが、逐次の戦局悪化を受けて昭和十九年十一月一日より「製造煙草割当配給制度」と呼ばれる配給制度が採用され、煙草も配給制度の中に組み込まれていった。

昭和二十年に入ると本土空襲の激化により煙草工場の空襲被害も甚大であり、昭和

時期別製造煙草割当配給制度一覧

時　期	割当本数	
19. 11. 1	1人1日	6本
19. 12. 1	1人1日	7本
20. 3. 20	1人1日	2~7本
20. 5. 1	1人1日	5本
20. 8. 1	1人1日	3本

二十年三月の本土空襲で主要都市である「東京」「大阪」「名古屋」の煙草工場が消失して当時の国内煙草の生産力の二割を損失した。

また主要都市に続く地方都市に対する空襲により、終戦時には全国三十三ヵ所にあった煙草工場のうち十四ヵ所が焼失して、国内煙草は五割五分にわたる製造能力を失うとともに器材・資材を失っており、昭和二十年八月末の国内煙草の月間生産量は十三億本までに低下した。

第15話

戦場の食事❶

「尋常糧秣」と「携帯糧秣」といった、「陸軍戦時給与規則」に記されている各種の糧秣及び、戦場で部隊が炊き出しに用いる「戦用炊具（野戦炊具）」を紹介する

尋常糧秣と携帯糧秣

日本陸軍の野戦給養は、部隊が携帯する「戦用炊具」と呼ばれる炊事道具による「戦用炊具による調理」と、民間より徴発・徴用した現地機材である「地方炊具」を用いた「地方炊具による調理」と、将兵が携帯している食器である「飯盒」を用いて兵員各個の行なう「飯盒を利用した調理」の三つのスタイルがあった。

日本陸軍の戦場での食事には常時に「飯盒」を用いての米飯の炊爨と喫食のイメージがあるが、元々は一個「歩兵大隊」千名に対して一組の「戦用炊具（野戦炊具）」と呼ばれる炊出器材があり、この「戦用炊具」で調理された食事を食器である「飯盒」で喫食するスタイルが本来の日本陸軍の給与システムである。

「飯盒」による炊爨は、作戦や行軍の都合上で「戦用炊具」による食事の提供が受けられない場合に、中隊以下の部隊単位で行なわれる給与方法である。

陸軍の戦場での糧食は、オフィシャルな給与規定である「陸軍戦時給与規則」によ

尋常糧秣と携帯糧秣　（大正3年）

区　分	詳　細
尋常糧秣	完全定量
	携行定量
携帯糧秣	携帯口糧－甲
	携帯口糧－乙

陸軍戦時給与規則　（大正3年）

尋常糧秣	完全定量	精米	640グラム
		精麦	200グラム
		缶詰肉	150グラム
		食塩	24グラム
		醤油エキス	20グラム
		野菜類	若干
		漬物類	若干
		調味品	若干
	携行定量	精米	640グラム
		精麦	200グラム
		缶詰肉	150グラム
		醤油エキス	20グラム
携帯糧秣（1日分）	携帯口糧甲	精米	855グラム
		缶詰肉	150グラム
		食塩	24グラム
	携帯口糧乙	乾麺麭	675グラム

り日々の支給量が厳密に規定されており、明治期から大正期にかけては「尋常糧秣」と「携帯糧秣」に分けられていた。

時期により多少の差異はあるものの、大正三年時点では「尋常糧秣」は「完全定量」「携行定量」の二種類、「携帯糧秣」は「携帯口糧―甲」「携帯口糧―乙」の二種類があった。

「尋常糧秣」のうち「完全定量」は戦地でも後方地域での支給が主体であり、給与方式も平時の兵営生活と変わらない食事が給与されるスタイルであることから、提供される内容は内地と等しく大正二年から施行された栄養補充の見地より主食が「米」と「麦」の七対三に混合した「麦飯」が採用されたことにより、「尋常糧秣」の主食が従来の「精米」のみから、「麦飯」である「精米」と「精麦」の混合となっている。

これに対して「携行定量」は戦闘地域での給与であり、「戦時炊具」での給与を前提として主食は「白米」のみであり、状況に応じては部隊単位に食材を支給して将兵各個が携行する「飯盒」での調理が行なわれた。

「携帯糧秣」のうちで「携帯口糧―甲」は飯盒炊爨用の「精米」一日分と副食の「缶詰肉」と「食塩」より構成されており、「携帯口糧―乙」は飯盒炊爨を含む炊事が不可能な場合に喫食する「乾麺麭《かんめんぽう》（カンパン）」一日分である。

陸軍戦時給与規則　（昭和6年）

			基本定量			代用定量		
			品種	1人1日の定量		品種	1人1日の定量	
野戦糧食	主食		精米	640グラム		精米	855グラム	内1種
						パン	1020グラム	
			精麦	200グラム		乾麺麭	675グラム	
	副食	肉　類	缶詰肉	150グラム		骨付生肉	200グラム	内1種
						骨付塩肉	200グラム	
						骨無生肉	150グラム	
						骨無塩肉	150グラム	
						骨付乾燥肉	150グラム	
						卵	150グラム	
						骨無乾燥肉	120グラム	
		野菜類	乾物	110グラム		生野菜	500グラム	
		漬物類	梅干	40グラム	内1種	糠漬	60グラム	内1種
			福神漬	40グラム		塩漬	60グラム	
		調味料	醤油エキス	20グラム		醤油	0.1リットル	
			食塩	12グラム				
			粉味噌	40グラム		味噌	75グラム	
			砂糖	15グラム				
		飲　料	茶	3グラム				
加給品			清酒	0.4リットル	内1種			
			火酒	0.1リットル				
			甘味品	120グラム				
			紙巻煙草	20本				

陸軍戦時給与規則の改正

昭和期になると「陸軍戦時給与規則」は、昭和六年と昭和十三年に二度の改正を受ける。

昭和六年の改正では、従来の「尋常糧秣」と「携帯糧秣」のコンセプトを、「基本定量」と「代用定量」のスタイルに改めた。

「基本定量」は従来の「尋常糧秣」の「完全定量」と同一であり、「代用定量」は従来の「尋常糧秣」の「携行定量」と「携帯糧秣」をあわせたもので、制度面で「精米」「乾麺麭」のみであった支給品目に対して新たに寒冷地戦闘での凍結防止を顧慮して「パン」が加えられた。

「支那事変」下の昭和十三年に行なわれた二回目の「陸軍戦時給与規則」改正では、昭和六年改正の給与システムである「基本定量」と「代用定量」という二分類から、「基本定量」「特殊定量」「換給定量」の三分類に改正された。

「基本定量」は従来と変わらず、「特殊定量」は主に「携帯糧秣」を用いる場合の定量が規定されており、「換給定量」は複雑化した戦場での円滑な補給を行なうために、「基本定量」に対しての「特殊定量」をふくむ代替品の供給比率を制式に定義したも

陸軍戦時給与規則　（昭和13年）

区分	類別	基本定量 品種	基本定量 1人1日の定量	特書定量 品種	特書定量 1人1日の定量		換給定量 品種	換給定量 1人1日の定量	
野戦糧食 主食		精米	660㌘	精米	870㌘		精米	870㌘	内1種
							パン	1020㌘	
		精麦	210㌘	乾麺麭又は圧搾口糧	690㌘		乾麺麭	690㌘	
							圧搾口糧	690㌘	
							精雑穀	900㌘	
副食	肉類	生肉	210㌘	缶詰肉	150㌘	内1種	塩燻肉	90㌘	内1種
				乾燥肉	60㌘		卵	180㌘	
	野菜類	生物	600㌘	乾物	120㌘				
	漬物類	沢庵類	60㌘	梅干	45㌘	内1種	塩（糠）漬	120㌘	
				福神漬	45㌘				
	調味料	醤油	0.08㍑	粉醤油	30㌘	内1種	味噌	150㍑	内1種
				醤油エキス	40㌘		酢	0.08㍑	
							ソース	0.08㍑	
		味噌		粉味噌	30㌘				
		食塩	5㌘	食塩	5㌘				
		砂糖	20㌘	砂糖	20㌘				
	飲料	茶	3㌘	茶	3㌘				
	栄養食			栄養食	45㌘				

加給品	品種	1人1回の定量	
	清酒	0.4㍑	内1種
	甘味品	120㌘	
	巻きタバコ	20本	

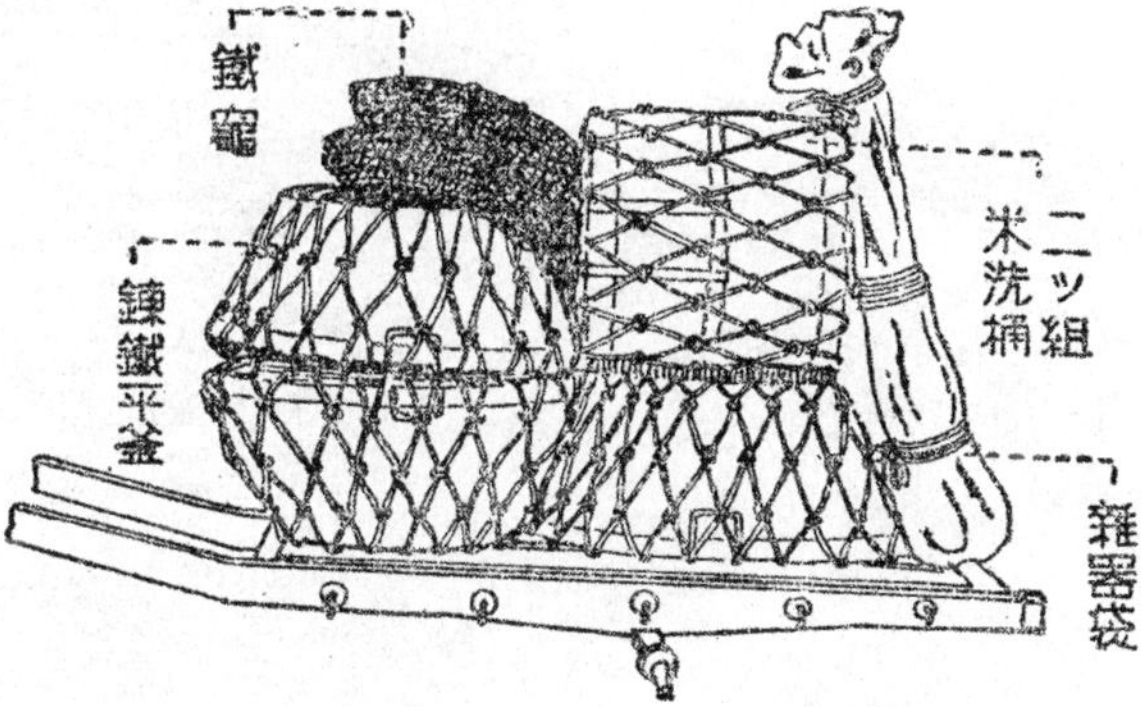

「三九式輜重車」への「戦用炊具」1組の車載要領

のである。

この改正の特徴は、「主食」「副食」が朝・昼・晩の三食に供するために均等に三分割できる重量に改正されるとともに、魚肉・野菜の合計重量が骨や芯などの不要部分を除いた分量となり、あわせて栄養補助として板状に形成された総合栄養食である「栄養食」が定められたことである。

P.166とP.168に「陸軍戦時給与規則」の、昭和六年タイプと昭和十三年タイプの二パターンを示す。

戦用炊具

部隊での炊き出しに用いられる「戦用炊具（野戦炊具）」一組は、炊事用の釜

「駄馬」2 頭による「戦用炊具」1 組の駄載要領

である鉄製の「平釜」三つと、組立式の竈である「鉄竈」二つと、調理器材等の「付属品」より構成されている。

千名の将兵を擁する「歩兵大隊」では、各大隊ごとに「戦用炊具」を五組（「平釜」十五、「鉄竈」十）ずつ備えており、「下士官」を「給養班長」とした長以下十八名の「炊事班（給養班）」を編成することで、千名の食事を三時間〜四時間半で炊き上げることが出来る。

一般的な「戦用炊具」五組を用いた炊爨の場合、「鉄竈」六つを主食の米麦の炊飯に用いて、二つを副食の調理に用い、残る二つを湯沸専用に用いる場合が多く、十五個ある「平釜」は十個の「鉄竈」に交替でセッティングすることにより、常時に十個の「鉄竈」がタイムロスなく使用できるように計算されていた。

なお「戦用炊具」一組の運搬には「輜重車」は一台、「駄馬」は二～四頭が必要であり、五組の運搬には「輜重車」五台、「駄馬」十五～二十頭を擁した。

平釜と鉄竈

「戦用炊具」の「平釜《ひらがま》」は、一度に約一斗七升（二十一・五キロ）の米や米麦・雑穀を炊飯することが可能であった。

このほかに「平釜」の応用使用法として、状況に応じて「中釜」と呼ばれて「平釜」に挿入するアダプタータイプの穴の開いた容器を平釜内部にセットして米を「茹炊」する方式もある。

この「中釜」を用いた場合の炊事量は約八升であり、「茹炊」を行なう場合は炊爨に際して米飯が焦げ付く心配が無くて調理も容易である半面、水に米飯の栄養分とうまみが溶けだして米飯の栄養価とうまみが低減するデメリットがあった。

「鉄竈《てつかまど》」は「平釜」を加熱するための「竈」であり、五つの金属板を組み合わせて作る組立式竈であり、「薪」や「石炭」を燃料として使用する。

「鉄竈」は「煙突」の追加をはじめとして、年次を追うごとに逐次に改良を受けている。

内地の練習場での「戦用炊具」を用いた炊爨状況。
「鉄竈」を用いずに、地面に炉を構築しての応用炊爨が行なわれている

「付属品」には、調理器具や米を洗うための大小の「米洗桶」のほかに、炊き上げた食材を分配するための「飯布」や、食事を前線に運ぶための「飯運嚢」などがある。

炊き上がった飯は「付属品」のなかにある「飯布」と呼ばれるシート上に広げられて、飯を包む「飯包布」と副食を包む「菜包布」に適宜に収めた後に、「飯運嚢」と呼ばれる防水ズック製の袋に入れて前線へ運ばれる。

戦場で民間より徴発・徴用した「地方炊具」と呼ばれる現地器材を用いた「地方炊具による調理」の状況。大陸での戦闘を顧慮していた日本陸軍では、燃料としての「高粱殻」の利用法を平時より研究・教育していた

戦場の食事❷

「戦用炊具での炊事方法」「地方炊具を用いる炊事方法」「炊事班の編成例」「戦用炊具を用いた料理献立」等、各種、戦場における食事状況を紹介する

第16話

戦用炊具での炊事方法

戦場で炊事場を選定する場合は、屋内における「屋内炊事」と屋外における「屋外炊事」の二パターンがある。

露天である「屋外炊事」に対して遮蔽物のある「屋内炊事」は、降雨・風雪をはじめとした気象の妨害を受けることが無く、衛生面や敵からの炊事火の遮蔽や航空機よりの発見困難等のメリットが多く、陸軍では野戦での炊事場の選定は極力「屋内炊事」を奨励しており、野戦での止むをえない場合の「屋外炊事」では遮蔽を顧慮して炊事場の選定が行なわれた。

「戦用炊具」を用いた具体的な炊爨《すいさん》方法を千名の将兵を擁する「歩兵大隊」を例に

示す。

「戦用炊具（野戦炊具）」一組は、鉄製の「平釜」三つと、「鉄竈」二つと「付属品」より構成されており、「歩兵大隊」では、各大隊ごとに「戦用炊具」五組（合計で

炊事班編成例（表1）

区　分	階　級	人数	任　　務
炊事班長	軍曹 伍長	1	当番兵全般の指揮 伝票整理 主食の調理管理
当番兵	上等兵	1	副食と燃料の管理
	一等兵 二等兵	16	状況により人数を増減する 水の便の悪い場合は給水要員を増加する

当番兵の任務例（表2）

区　　分	任　　務	人員
第一次 炊事開始まで	竈の構築	3
	米麦の受領と洗浄	5
	副食の受領と切断	5
	薪割・水汲等の雑役	3
第二次 炊事準備	米麦の受領と炊飯準備	6
	副食物の洗浄・切断と煮菜の準備	6
	水汲・焚付等の雑役	4
第三次 炊事実施間	主食の炊飯	6
	副食の切断と煮菜	6
	水汲・湯沸等の雑役	4
第四次 朝食昼食 分配開始後	主食分配	8
	副食分配	5
	跡片付	3

「平釜」十五個と「鉄竈」十個）を装備していた。

十個ある「鉄竈」は通常は炊事用に六個、副食調理に二個、湯沸用に二個と用途別に分割されて、十五個ある「平釜」は常時に十個の「鉄竈」にセットされて竈の火力の空き時間のロスが無いように適宜に配分された。

米飯ないし米麦飯の炊飯方式には「中釜」を用いる方式と、「中釜」を用いずに「平釜」のみを用いる方式がある。

中釜を用いる方式

「中釜」を用いる炊事方法は、「平釜」の内部に多数の小穴のあいたアダプタータイプの「中釜」をセットして、米が煮えたらば「中釜」を「平釜」からおろして水分を切った後に蒸らす炊事法である。

この方法は初心者でも米を焦がすことなく行なえる炊爨方式であるが、半面で完成した飯の味は悪く、また米の栄養分が「平釜」の中の水に流失するほか、燃料代が多くかかる。

平釜のみを用いる方式

「平釜」のみを用いる炊事方法は、前述の「中釜」を用いる方式よりも炊爨のために技術と経験が必要であるが、半面で飯の出来と味もよく、あわせて燃料面でも経済的

戦用炊具を用いた1000名１日分の炊飯時間の一例（表３）

<table>
<tr><td colspan="4">中　釜　使　用　時</td></tr>
<tr><td rowspan="5">使用方法</td><td rowspan="3">竈及釜の用法</td><td>飯用竈6個（釜10個）</td><td rowspan="3">夕食炊事終了までとし、朝食・昼食の為には、朝食用竈8個（釜12個）・湯沸用竈2個（釜3個）を配当する</td></tr>
<tr><td>煮菜用竈3個（釜3個）</td></tr>
<tr><td>湯沸用竈1個（釜2個）</td></tr>
<tr><td>一釜の容量</td><td colspan="2">約10キロ</td></tr>
<tr><td>炊飯回数</td><td colspan="2">9回</td></tr>
<tr><td rowspan="2">第一次炊事開始までの所要時間</td><td colspan="3">炊具組立　20分
点火　10分
水の沸騰まで　20分</td></tr>
<tr><td colspan="3">小計　50分</td></tr>
<tr><td rowspan="2">第二次夕食炊事時間</td><td colspan="3">炊飯　40分（1回10分×4回）
水の入替時間　10分
＊夕食炊事終了までの時間　約1時間40分</td></tr>
<tr><td colspan="3">小計　50分</td></tr>
<tr><td rowspan="2">第三次朝食昼食炊事時間</td><td colspan="3">炊事時間　60分（1回10分×5回）
水の入替時間　40分</td></tr>
<tr><td colspan="3">小計　1時間30分</td></tr>
<tr><td>合計時間</td><td colspan="3">3時間10分</td></tr>
<tr><td colspan="4">中　釜　を　使　用　し　な　い　場　合</td></tr>
<tr><td rowspan="4">使用方法</td><td rowspan="2">竈及釜の用法</td><td>飯用竈7個（釜12個）</td><td rowspan="2">夕食炊事終了までとして、朝食・昼食の為には、全部飯用に使用する</td></tr>
<tr><td>煮菜用竈3個（釜3個）</td></tr>
<tr><td>一釜の容量</td><td colspan="2">約24.3キロ</td></tr>
<tr><td>炊飯回数</td><td colspan="2">3回</td></tr>
<tr><td rowspan="2">第一次炊事開始までの所要時間</td><td colspan="3">炊具組立　20分
点火　10分
水の沸騰まで　20分</td></tr>
<tr><td colspan="3">小計　50分</td></tr>
<tr><td rowspan="2">第二次夕食炊事時間</td><td colspan="3">炊飯　20分
＊夕食炊事終了までの時間　約1時間10分</td></tr>
<tr><td colspan="3">小計　20分</td></tr>
<tr><td rowspan="3">第三次朝食昼食炊事時間</td><td colspan="3">炊事時間　50分（1回25分×2回）</td></tr>
<tr><td colspan="3">水の入替時間　40分（1回20分×2回）</td></tr>
<tr><td colspan="3">小計　1時間30分</td></tr>
<tr><td>合計時間</td><td colspan="3">2時間40分</td></tr>
</table>

「支那事変」下での「野戦炊具」の使用説明の状況。
組立られた「鉄竈」の上には「平釜」がセットされている

な炊事法である。

地方炊具を用いる炊事方法

「地方炊具」の利用方法は、「大隊」以上の部隊規模の場合は「野竈」を構築した屋外炊事場を構築するとともに徴発した炊具を集めて炊事に当たる方法と、「中隊」規模の場合は舎営する各戸ごとの炊事場を用いて炊事する二パターンがあり、いずれも炊具の使用法は「戦用炊具」の使用法に準じて用いた。

また「地方炊具」のほかに、「一斗缶」「バケツ」「洗面器」等を応用して炊爨を行なう場合もある。

炊事班の編成例

「歩兵大隊」が「戦用炊具」で炊爨を行なう場合は、「大行李」で「炊事班」を編成する。

通常「炊事班」は下士官一名と兵十七名の合計十八名で編成されており、「戦用炊具」を駆使して一日で千名分の約八百七十キロの主食を調理する。

「炊事班」の編成例と当番兵の任務例と、戦用炊具を用いた千名一日分の炊飯時間の例は表1〜3のとおり。

「支那事変」下の地方炊具の応用使用例であり、市井の鉄鍋を用いて「焼餅（シャオピン）」の調理状況

戦用炊具を用いた料理献立

戦場での献立立案に際しての顧慮案件としては以下に挙げる十個のポイントがあった。

① 給養方針

「支那事変」下の地方炊具の応用使用例で「洗面器」を用いた「天麩羅」の調理状況

②　定量及定額
③　給養分量
④　栄養価
⑤　施行及食習慣
⑥　部隊の行動
⑦　炊事能力
⑧　季節出回品と物資物価状況
⑨　残飯残菜の状況
⑩　衛生上の顧慮

上記の十ポイントを踏まえて、戦場での「戦用炊具」を用いた「主食」と「副食」の例を以下に示す。

主食としては、スタンダードな精米による「米飯」と、精米・精麦を用いた「米麦飯」があるほか、主食と副食

「支那事変」下の昭和 12 年に、最前線で朝食をとる「北支那方面軍参謀副長」の「河辺正三少将」。最前線のため「略帽」を前後逆にかぶった上から「鉄帽」をかぶっているが、顎紐は掛けていない

を兼ねた「混飯」である「大根飯」「甘藷飯」「油揚飯」「五目飯」「豆飯」「小豆飯」「牛缶飯」「福神漬混飯」等がある。

平時の主食の代表格となる「米麦飯」は栄養価がある半面で麦の腐敗が早い点より、戦場では比較的安全な後方地域での供給が主体であり、戦闘地域では精米による「米飯」ないし副食を兼ねた「混飯」の提供が多かった。

以下に「米飯」「米麦飯」「混飯」である「大根飯」「甘藷飯」「油揚飯」「五目飯」「豆飯」「小豆飯」の一人分のレシピを表4に示す。

なお「牛缶飯」は牛肉缶詰の牛肉を汁ごと硬めに炊いた米飯と混ぜたもの

であり、「福神漬混飯」は硬めに炊いた米飯に、福神漬を汁ごと混ぜたものである。「混飯」は副食を兼ねるほか、食事の単調化を防ぐ目的もあり、また四季別に推奨される「混飯」の分類としては表5の様なラインナップが挙げられる。

戦場では現地の特産品を糧食として代替使用する場合も多く、日本陸軍では大陸での戦闘を顧慮して大陸の特産品であり常食となっている「高粱《こうりやん》」を「白米」に焚き

主要混飯一覧（表4）

品　名	材　料	
米飯	精米	262グラム
米麦飯	精米 精麦	200グラム 62グラム
大根飯	精米 大根 牛肉 醤油	262グラム 200グラム 50グラム 30ml
甘藷飯	精米 甘藷 食塩	150グラム 112グラム 2グラム
油揚飯	精米 油揚 削節 醤油	262グラム 40グラム 4グラム 35ml
五目飯	精米 蓮根 人参 干瓢 紅生姜 油揚 削節 砂糖 醤油 食塩	230グラム 20グラム 20グラム 8グラム 4グラム 20グラム 4グラム 8グラム 35ml 2グラム
豆飯	精米 豌豆 食塩	230グラム 32グラム 2グラム
小豆飯	精米 小豆 黒胡麻 食塩	220グラム 42グラム 1グラム 少量

四季別推薦の混飯（表5）

春　季	五目飯 櫻飯 豆飯 筍飯
夏　季	紫蘇飯 蠶豆《そらまめ》飯
秋　季	五目飯 小豆飯 大根飯
冬　季	肉飯 油揚飯
全季節	小豆飯

込んだ「高粱飯」の炊飯方法の研究・教育も行なっている。
「高粱」は「白米」より四十分以上多めに炊かないと煮熟しないために、「白米」と同時に炊飯すると「白米」は煮えすぎて「高粱」は半煮えとなり食用に適しなくなる。

このために「高粱飯」を炊く場合は釜に「高粱」と水を入れて四十分煮沸した後に、冷水で数度洗浄してから改めて米と炊くほか、「高粱」のみを炊く場合は四〜五時間ほど温水に浸してから約二倍の水を注いで四十分ほど煮てから三十分間蒸らす。

また緊急に調理する場合は、熱湯に「高粱」を入れて攪拌しながら渋みを取り除いてから、二倍の水を入れて煮熟させる。
「高粱飯」は平時の内地の兵営でも、戦時の大陸進出を想定しての炊事訓練と喫食実習を兼ねて食卓に出す部隊も多かった。

大陸北部に多く存在する竈に釜が固定されたタイプの「満洲釜」は日本の釜より炊飯速度が速い半面、竈より釜を外すことが出来ない欠点があるほか、釜に独特の臭気と油気があるため、味覚と衛生を顧慮して使用前に洗濯石鹸による洗浄ないし食塩による拭浄ないし湯の煮沸による洗浄を要した。

燃料として「高粱」の茎を干した「高粱稈《こうりやんかん》」を用いる場合は、一度に多量を投入せずに少量ずつを投入するとともに、燃えカスの灰を掻き出して火力の調整を行なう。

第17話

戦場の食事③

今回は「各個炊爨」「組合炊爨」「中隊炊爨」「委託炊爨」「混合炊爨」をはじめとする「飯盒炊爨」や、将兵の戦場での非常食である「携帯口糧」を紹介する

飯盒炊爨

明治三十年に制定された陸軍の下士官兵用の「飯盒」は、最大で二食分になる四合の米飯を一回の炊爨で調理することが可能であり、「飯盒」の「中蓋」で副食入れとなっている「掛子」は計量容器として擦り切りで一合の米を計量することが可能であった。

昭和七年になると、外盒と呼ばれる外側の飯盒内に中に、内盒と呼ばれる飯盒を入れ子スタイルで収めることで一度に四食分の米飯を炊爨できる「九二式飯盒」が登場して昭和十五年まで生産が行なわれており、この飯盒はその形式から「二重飯盒」の通称で呼ばれていた。

さらに昭和十五年になると、明治三十年制定の「飯盒」に代わり、内容量を少し大きくするとともに、本体にアルマイト加工を施した「九九式飯盒」が登場する。

なお極寒地での「飯盒」と「水筒」の凍結防止のために、「飯盒」と「水筒」を外部から覆うタイプの「防寒飯盒覆」と「防寒水筒覆」がある。

「飯盒」は原則として、後方で調理された食事を喫食するときの食器としての利用が

飯盒を用いた２食分４合の米飯の炊飯時間（表１）

作業	時間	合計
準備	約15分	約40分
炊飯	約18分	
蒸熟	約7分	

「支那事変」下での炊事壕を構築しての飯盒炊爨の状況

前提であったが、「飯盒」自体を調理器材として炊爨することも可能であり、飯盒炊爨の方法には以下に示す、「各個炊爨」「組合炊爨」「中隊炊爨」「委託炊爨」「混合炊爨」の五つがあった。

各個炊爨

「各個炊爨」は兵員各個の飯盒で食事を調理する方法であり、副食を「掛子」に入れて主食と同時に炊爨する「各別炊事法」と、主食と副食を混合したまま炊き上げる「雑炊法」の二つがある。

兵員各個が二食分である四合の米飯を炊爨する場合は、薪等の用意と米を研ぐ「準備」として約十五分、「炊飯」に約十八分、火からおろして飯盒を逆にして蒸らす「蒸熟」に約七分の合計四十分の時間が必要であった。

組合炊爨

「組合《くみあわせ》炊爨」は二名以上が一組となり、各「飯盒」ごとで主食・副食・汁物・茶等を別々に調理する方法であり、六名一組が最良とされており分隊から小隊規模での炊

炊事班による炊事要領（表2）

第一次 炊事開始まで	糧秣受領	2名
	飯盒と水筒の蒐集	2名
	炊事場設備	6名
第二次 炊事準備	主食分配	3名
	副食分配	1名
	燃料分配	3名
	焚付準備	3名
第三次 炊事実施間	主食調理	6名
	副食調理	3名
	湯沸し	1名
第四次 分配開始後	主食	6名
	副食	3名
	後片付	1名

爨に多用された炊爨スタイルである。

また小隊単位での飯盒炊爨では各分隊ごとに調理を指定して炊爨する場合もある。

中隊炊爨

「中隊炊爨」は各中隊を単位として隷下の各小隊ごとに十名の「炊事班」を編成して炊爨を行なう方法である。

また中隊隷下の各小隊ごとに十名の炊事要員を出して、将校ないし下士官を監督者とした三十一名からなる「中隊炊事班」を編成する場合もある。

一個小隊の人員を六十名とした場合の「炊事班」の編成は、六名に一人の割合で炊事要員を抽出して、全般を指揮する下士官一名を班長として、班長補佐の上等兵一名のほかに兵員八名の合計十名を標準とした。

「炊事班」による炊事要領は表2のとおりである。

中隊炊爨では小隊ごとに炊事壕を構築しての炊爨が行なわれ、二十名に付き一個の炊事壕を設け、六十人の場合は三つの炊事壕を設置する。なお三つの炊事壕のうち二つは主食の炊爨で残る一つで副食の炊事を行ない、あわせて水筒を用いて湯を沸かす。

また能率化と燃料節約のために、三十名用の炊事壕二つを構築する場合は、主食と副食の調理用飯盒が二対一の割合で混在するために、暗夜時等は取り違えなどに注意を要した。

委託炊爨

「委託炊爨」は戦闘に参加していない後方部隊に炊爨を委託する方法であり、「戦用炊具」等で調理した食事を後方部隊で編成した「運飯班」によって前線に運ぶか、戦闘部隊より抽出して編成された「受領班」が受領する方法である。

食事の運搬容器として「飯盒」が用いられることが多く、運搬の便を顧慮して「握飯」を作製するケースが多かった。

陸軍制式の「握飯」は一合（百四十グラム）を円形に握ったものであり、一人当たり二個で一食分

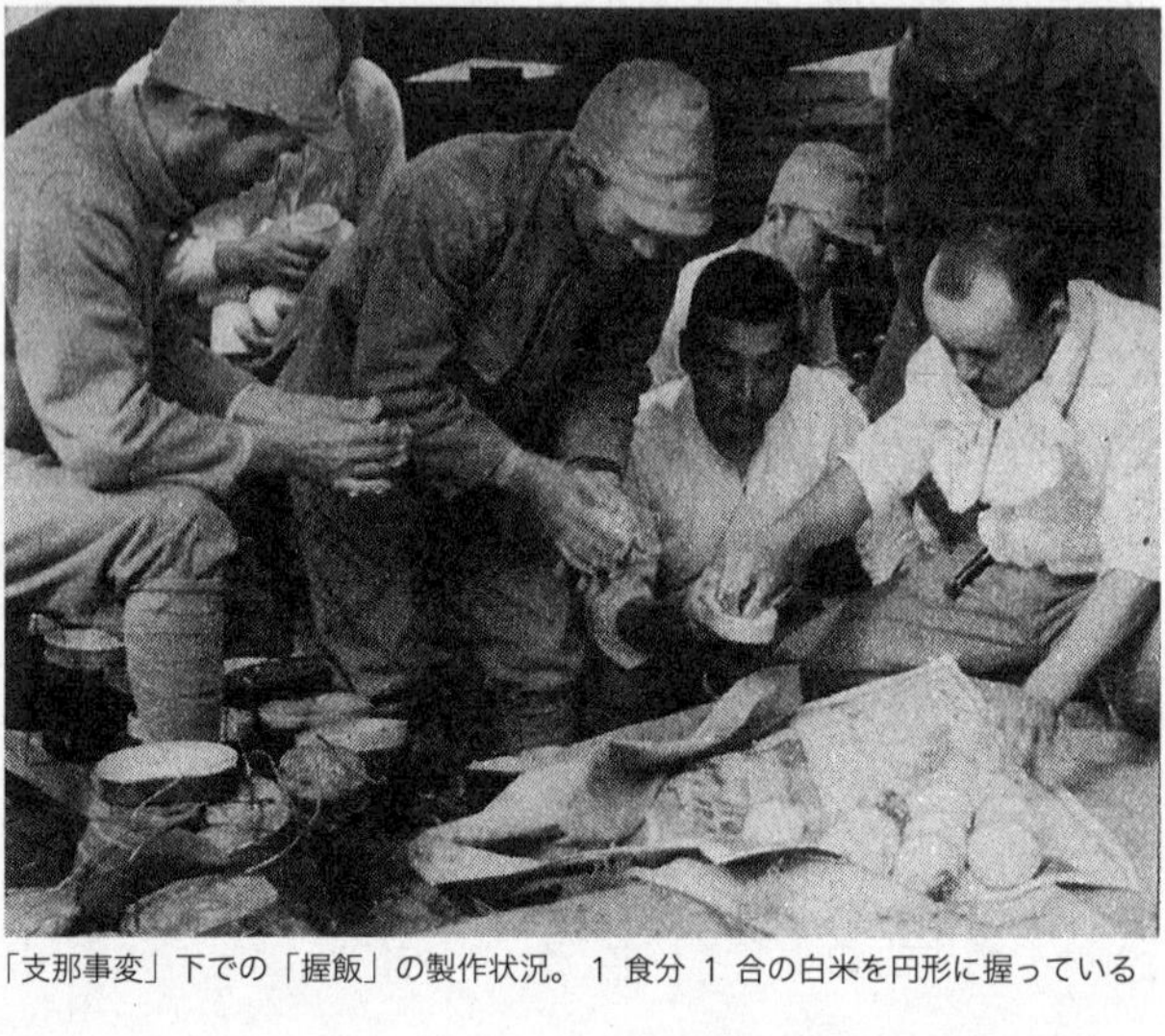

「支那事変」下での「握飯」の製作状況。１食分１合の白米を円形に握っている

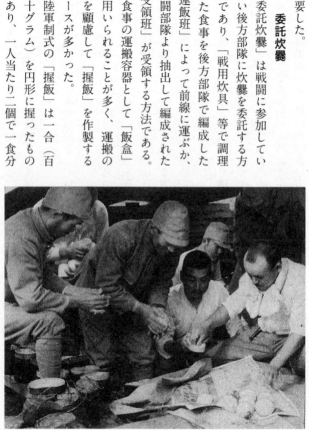

「支那事変」下での塹壕内での食事状況。
写真中央には缶を開けた副食の牛肉缶詰が見られる

であり、形状から飯盒内部に収めることも可能であった。

将兵千名を擁する一個「歩兵大隊」が「戦用炊具」で炊いた米飯を「握飯」にする場合は、十四名編成の「握飯作成班」三組を編成することにより三十分で千名分の「握飯」が製造可能であった。

また戦闘が膠着状況のために「運飯班」が前線部隊に直接に食事を配給できない場合は、布や藁筒に包んだ「握飯」を手榴弾のように投擲して前線に配給する「手投飯」と呼ばれる配食を行なう場合もある。

混合炊爨

「混合炊爨」は、制式の「戦用炊

具」と現地徴発した「地方炊具」を併用して調理を行ない、不足分を兵員各個の「飯盒」で調理する方法である。

携帯口糧

日露戦争後の明治四十年の時点での、将兵の戦場での非常食である「携帯口糧」は「携帯口糧―甲」と「携帯口糧―乙」があった。

「携帯口糧―甲」は主食の「精米」六合（三食分）と副食の「缶詰」であり、「携帯口糧―乙」は「乾麺麭」三食分と副食の「缶詰」であった。

「缶詰」は「牛缶」と呼ばれる牛肉缶詰が主体であり、二食分の百五十グラムが標準とされていた。

また昭和六年の「陸軍戦時給与規則」の改定によって、「乾麺麭」が、従来の大型のものから小型になったほか、新型の携帯糧食として「携帯圧搾口糧」が採用されたほか、各種携帯糧秣が採用されるようになり、各種戦況によって柔軟な糧食の補給システムが確立された。

以下に「陸軍戦時給与規則」の改定の時点での陸軍の主要な携帯口糧を紹介する。

乾麺麭

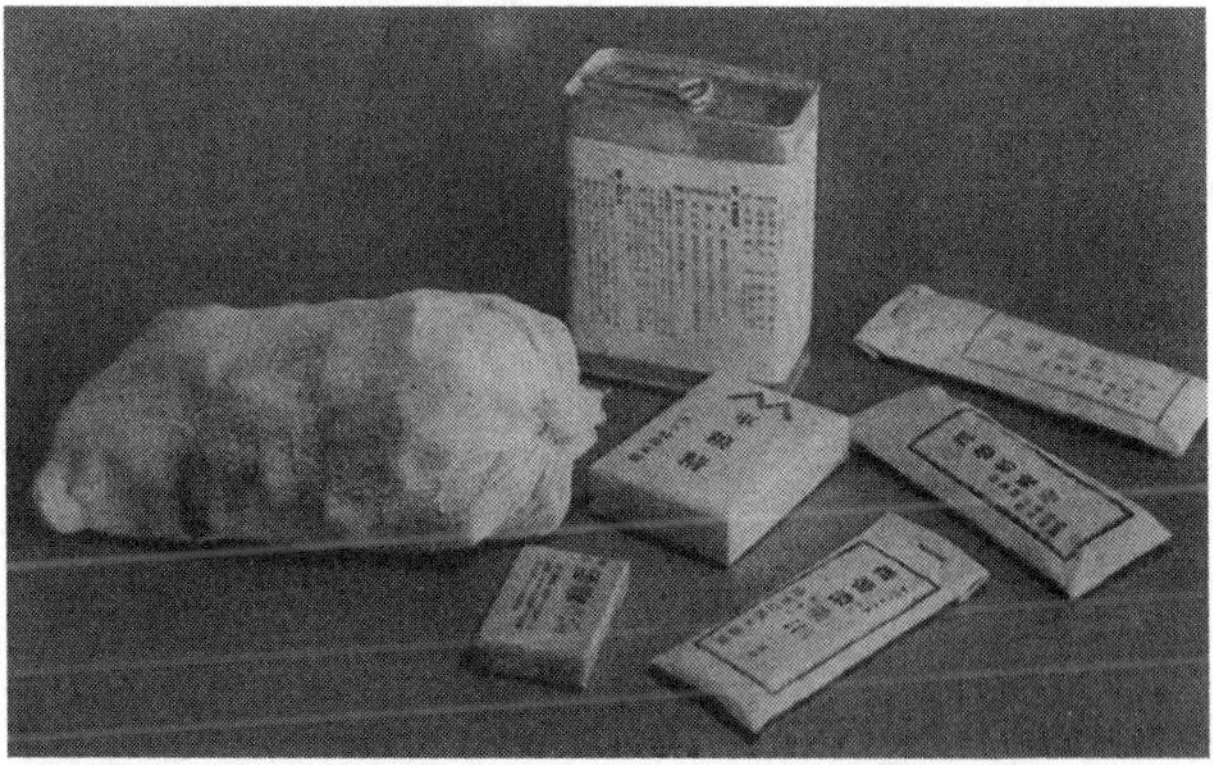

昭和６年制定の新型携帯口糧。
左より、寒冷紗の袋に収められた小型サイズに変更された新型の「乾麵麭」「携帯圧搾口糧」「軍粮精」「携帯濃厚汁」「携帯粉味噌」「携帯甘酒」

「乾麵麭」は従来のカード大の大型のものから、小型となり一食分二百二十五グラムを寒冷紗の袋に収めるとともに「金平糖」が同封されていた。

携帯圧搾口糧

「携帯圧搾口糧」は一食分の主食と副食を角柱形の金属製缶詰の中に収めたものであり、主食は「膨張玄米」をペレット状に圧搾加工したもので、そのまま喫食するほかに水や牛乳を入れて粥やシリアルとしての利用も可能であった。

「副食」は、「砂糖」「デンブ」「梅干」を乾燥圧縮して、主食同様にペレット状に形成したものである。

この「携帯圧搾口糧」は昭和十三年

になると、生産性と経済性を顧慮して、従来の缶より防水紙製のパッケージに変更される。

またこの「副食」のみを防水紙で梱包した「携帯副食」があった。

乾燥野菜

水で戻して利用する「乾燥野菜」は明治期から多用されていたが、昭和六年の時点で「乾燥法蓮草」「乾燥小松菜」「乾燥人参」「乾燥牛蒡」「乾燥蓮根」「乾燥大根」「乾燥椎茸」「湯葉」「若布」「焼麩」の十品目が存在していた。

熱量食

「熱量食」は、現在の「カロリーメイト」と同様のエネルギーバーであり、戦闘時の増加食ないしは補助食品として用いられた。

オブラートで包まれた重量二十五グラムの長方形バー二本が、一食分として防水紙製の紙箱の中に収められている。

軍粮精

「軍粮精」はキャラメルタイプの補助栄養食であり、防水紙製の紙箱の中に、蝋紙で包まれたキャラメル状の塊十粒が収められていた。

調味料

昭和 13 年に紙製パッケージタイプに改正された「携帯圧搾口糧」

調味料では既存の、原液を水で希釈して醤油にする「醤油エキス」と、粉末を水で希釈して醤油にする「粉醤油」のほかに、水で溶いて味噌に戻して用いる「携帯味噌」が調味料のラインナップに登場した。

携帯粉味噌

「携帯粉味噌」は防水紙のパッケージに収められ粉末を百八十ccの湯に溶くことで味噌汁となるインスタント食品であり、湯の計量には容量百八十ccの飯盒の中蓋が用いられた。

また同量の水で溶いて「味噌」として各種料理の味付や添物としても利用が出来た。

各種飲料

前掲の「携帯粉味噌」のほかにも、湯や水を注ぐだけで完成する各種飲料が整備された。
寒冷地での採暖用としては、「携帯濃厚汁」と「携帯甘酒」があり、また熱帯地での士気高揚の嗜好品として「携帯ラムネ」と「携帯シトロン」があった。

口取缶詰

「口取缶詰」は、祝賀時や記念日等に戦闘部隊に配給された祝賀料理を収めた缶詰であり、正月料理を例に挙げれば一つの缶詰の中に「きんとん」「かまぼこ」「煮物」等の正月料理を詰め合わせたものであり、昭和十五年までは整備されて祝賀料理を提供できない前線部隊への配給が行なわれていた。

携帯燃料

「携帯燃料」は薪・炭に替わり飯盒炊爨時に用いる固形アルコールを缶に詰めた燃料であり、缶は飯盒の底部に均等に火があるように楕円形の形状をしており、一缶で二回分の飯盒炊爨が可能であった。
この携帯燃料は、昭和十三年になると生産性と携帯性を顧慮して円柱形の缶に変更される。

第18話

衛生システム

「師団軍医部」及び「兵站軍医部」隷下機関や、応急処置に用いる「繃帯包」を紹介していく！

戦場における衛生部隊

戦場では疾病や事故による負傷・死亡のほかに、戦闘による負傷・死傷が発生するために各種の衛生部隊があり、これらの部隊は負傷者の救護と治療に従事した。

医療システム

戦場での衛生機関は、各「軍」の隷下に衛生を統括する「軍軍医部」があり、その下に直轄である「兵站軍医部」と「野戦防疫部」と、軍隷下の各師団の「師団軍医部」がある。

「兵站軍医部」は軍の直轄機関として「兵站病院」「野戦予備病院」「野戦衛生材料

昭和 14 年に撮影された泥濘を前進する「第一〇九師団衛生隊」の「担架中隊」

廠」等がある。

以下に軍隷下の各師団の「師団軍医部」と、「兵站軍医部」の隷下機関を示す。

師団軍医部

「師団軍医部」は各師団単位での「師団司令部」下で、隷下の衛生部隊を統括するセクションであり、各師団には「衛生隊」「野戦病院」「防疫給水部」の三つの独立部隊とともに、「各隊の衛生部」による「隊附勤務」があった。

「衛生隊」は「本部」と「担架中隊」と「車両中隊」と「行李」より編成されている。

戦闘開始とともに「衛生隊」は

戦闘地域後方に「隊繃帯所」と呼ばれる応急処理施設を開設して、「担架中隊」の要員により担架搬送ないし人力搬送されてくる負傷者に対して軍医・衛生兵による応急処置を施すとともに、「車両中隊」は自動車・馬車等を用いて応急処置の終わった負傷者を師団隷下の「野戦病院」へ搬送する。

「野戦病院」は、戦場でのメインの治療機関であり、各師団に二〜四個が設けられる。

「野戦病院」は、指揮機関である「本部」と「発着部」「治療部」「病室」「薬剤部」より構成されている。

「発着部」は、「衛生隊」の「車両中隊」により運ばれてくる負傷者の受け入れと、「野戦病院」より後方の「兵站病院」への患者移送の場合に、後述する「患者輸送部」の「患者輸送組」への引き渡しを行なう。

「治療部」は、応急処置を終えて運び込まれた負傷者に対して、軍医による手術・治療を行なう部署である。治療に際しては能率化のために、軍医・衛生兵を数組に分けてローテーションを組ませるほか、患者の輸送区分と手術・治療の際に患者に符号を付けて業務の能率化が図られていた。

一例を示せば、「復帰見込ノ者」は「(治)」、「徒歩後送ノ者」は「(歩)」、「車両ニ依リ座シテ後送ノ者」は「(車座)」、「車両ニ依リ横臥シテ後送ノ者」は「(車臥)」、

昭和 14 年に撮影された「第一〇九師団野戦病院」の「治療部」

「担架ニ依リ後送ノ者」は「(担)」、「後送ニ堪ヘザル者」は「(留)」である。

「病室」は負傷者の入院を行なうセクションであり、通常は重傷者用の「重傷室」、軽傷者用の「軽傷室」、一般疾病者用の「平病室」、将校用の「将校室」に分類されるほか、状況に応じて伝染病対応の隔離を目的とした「伝染病室」、精神疾患患者を収容する「精神病室」、化学戦負傷者用の

「瓦斯傷室」、捕虜用の「俘虜病室」がある。

「薬剤部」は衛生材料・機材・糧食・被服の調達・管理・補修を行なう部門である。

また駐軍間や行軍間では、必要に応じて「病院」ないし「患者治療所」を開設する。

「防疫給水部」は、師団作戦区域内での防疫と給水任務にあたり、戦況に応じて衛生隊の支援を行なうほか、化学戦惹起に際しては師団固有の対化学戦部隊である「師団制毒隊」のサポートを行なう。

「各隊の衛生部」は師団隷下の各隊が持つ衛生機関であり、「隊附勤務」と呼ばれた。

「歩兵聯隊」を例にすれば、「聯隊本部」に「軍医」一名と「衛生下士官」、各大隊には「軍医」二名と「衛生下士官」がいた。

一般的に戦闘開始とともに、「聯隊本部」の「軍医」と各大隊の軍医各一名の合計四名の軍医は負傷した聯隊将兵の応急処置のために「繃帯所」を開設して応急処置に任ずるとともに、各大隊の残る一名ずつの軍医は戦闘中の戦場内を移動して負傷者に対してその場での応急処置する「火戦内救護」を行なう。

なお「繃帯所」への負傷者搬送が困難な場合は、敵弾より遮蔽されている窪地や反斜面等を利用して「傷者巣」を設けて一時的に負傷者を集める。

また「中隊」単位では、衛生勤務に専念する「衛生兵」二名がいるほか、一部の兵員に対して負傷者を近傍に聯隊が開設した「繃帯所」ないし、「衛生隊」が開設した「隊繃帯所」までの輸送補助を行なうための訓練を施した「補助担架兵」と呼ばれる陸軍独特の制度が存在した。

衛生部員が「火戦内救護」を行なう場合の携帯具として、軍医は「軍医携帯嚢」、衛生下士官は「医療嚢」、衛生兵は「繃帯嚢」を携帯した。

兵站軍医部の隷下機関

軍の直轄機関である「兵站軍医部」には「兵站病院」「野戦予備病院」「野戦衛生材料廠」「患者輸送部」等と、「野戦防疫部」がある。

「兵站病院」は、軍隷下の各師団の「野戦病院」より後送される、「後送患者」を受け入れるほか、兵站地区内や通過部隊の患者の受け入れを行なう病院である。

一個「兵站病院」の患者収容数は千名を基準とした。

「野戦予備病院」は、「野戦病院」が交代する場合や負傷者の緊急収容に対応する予備組織であり、「本部」と複数の「病院班」より編成されており、「病院班」は一班で二個「野戦病院」を開設することが出来る。

「野戦衛生材料廠」は兵員・馬匹に関する衛生器材の補給機関であり、「本部」「衛生材料庫部」「獣医材料蹄鉄庫部」で構成されている。

昭和 14 年に撮影された「第一〇九師団野戦病院」の「病室」。
接収した民家を病室にしており、各寝台の端には患者指名とあわせて治療内容を示した紙片が張られている

「患者輸送部」は「本部」と複数の「患者輸送班」よりなり、各師団隷下の「野戦病院」の患者を「兵站病院」へ移送することが主任務である。

一個「患者輸送班」は「患者輸送組」六組より編成されており、一個「患者輸送組」は百四十名の患者を一日行程で輸送する能力がある。なお「患者輸送組」は患者輸送のための衛生要員はいるものの、輸送実務を行なうための護送勤務要員と輸送用の輸送器材は装備しておらず、実際の患者輸送に際しては「兵站軍医部」より要員と器材の供

昭和 14 年に撮影された「第一〇九師団野戦病院」の「発着部」。「野戦病院」から後方の「兵站病院」への患者移送のために、「患者輸送部」の「患者輸送組」の要員が担架に負傷者を移している状況が写されている

給を受ける。

また戦況が熾烈で重症者が多発した場合は、「本部」に「患者輸送自動車」を配属されて各師団隷下の「野戦病院」から軍管轄の「兵站病院」までの重症患者の輸送を行なう場合がある。

「野戦防疫部」も軍の直轄機関であり、戦場での防疫・給水の主任務以外にも所有する衛生器材を用いて戦場での病院勤務のサポートを行なうほか、副次的に化学戦任務を持っている。

「兵站病院」に収容された患者で、完治したものないしは内地での継続治療を必要とされた者は、輸送船と港湾を統括する「船舶輸送司令部」「碇泊場司令部」の統制下で運用される「病院船」によって内地に輸送されて、国内各地の「陸軍衛戍病院」での治療・手術・リハビリを受けて社会復帰を行なう。また内地には「陸軍衛戍病院」以外にも療養施設として「陸軍温泉療養所」等がある。

繃帯包

戦場で将兵が負傷した場合の応急処置に用いるための救急用品として、各将兵に対して一個宛に「繃帯包」と呼ばれる個人用救急器材が支給されていた。

日本陸軍の医療システム

区分	行動	詳細	
		規模	治療
戦地	繃帯所	大隊〜聯隊規模	戦線救護任務（火線内救護・応急処置）
戦地	隊繃帯所	衛生隊規模	応急処置
戦地	野戦病院	師団規模	手術 治療
戦地	兵站病院	後方兵站の軍規模	手術 治療
戦地	内地移送	病院船 航空機	手術 治療 リハビリ
内地	各地の衛戍病院 陸軍療養所 廃兵院	衛戍病院 陸軍温泉療養所等	手術 治療 リハビリ（社会復帰）

「繃帯包」は畳んだ状態の「昇汞ガーゼ」二枚を「包紙」で包んだもの二組を、一枚の畳んだ状態の「三角巾」で挟むように包んでから、防水加工の施された「包布」で包み縫ったものである。

「繃帯包」の使用法は、まずは「包布」の縫合部分を指で破って、「三角巾」を取り出して包帯の準備をしてから、負傷部分に対して「包紙」を破って取り出した「昇汞ガーゼ」を摘み出して患部に当てる。

患部が小さい場合はそのまま患部に乗せて、患部が大きい場合は「昇汞ガーゼ」を開いて乗せて、さらに残るもう一組の「昇汞ガーゼ」をその上に重ねてから、「三角巾」を巻く。

また傷口に乗せる「昇汞ガーゼ」は指に触れてない面を患部に密着させるようにして、「包紙」と「包布」は使用しない。

「繃帯包」は軍衣の左裾下部の内側に設けられたポケットに収納することが規定されており、傷の大きな場合は複数の「繃帯包」を用いるほか、複数の箇所を負傷した場合は死傷者の「包帯包」を利用したり、緊急の場合は汚れていない「手拭」「タオル」等の応用資材を用いての応急処置が施された。

「繃帯包」を用いての応急処置は「仮繃帯」と呼ばれており、負傷者が歩ける場合は独力、歩行不可能な場合は各中隊の「補助担架兵」により一時的に負傷者を集める「傷者巣」に移送するか、「衛生隊」より派遣された「担架中隊」の搬送要員により「衛生隊」が開設した「隊繃帯所」へ搬送される。

Column コラム❸ 大東亜戦争下での創意工夫

「大東亜戦争」後半の戦局が攻勢より防勢となった時期の
前人未踏の密林に囲まれていたため「人外境決戦」と呼ばれた
ニューギニア方面での将兵たちの極限の戦場生活を見てみる。
逐次に補給が困難となるニューギニア戦線では
将兵たちは食料品の現地自活を始めて露命を繋ぐとともに、
その他の必需品も創意工夫で製造しながら激戦を戦い抜いた

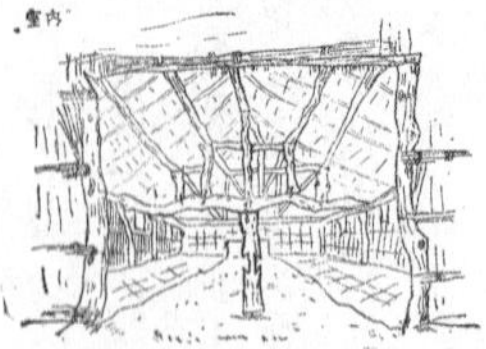

兵舎の内部状況

ビルマ進攻時の昭和17年の時点で考案された急造兵舎。雨期と湿気に対応するために盛土の上に木製の骨組を作り、草ぶきの屋根とアンペラ類を用いた壁を構築する。後にこの急造兵舎は、さらなる防雨・防湿対応として高床式へと発展していく

高床式急造兵舎の構築状況。高床式に上げられた床上より柱と屋根の骨組みが作られ、椰子の葉を用いて屋根が葺かれている

密林内での長期天幕露営の状況。高温多湿から身体と装備を守るために丸太の骨組みに竹を敷いた高床を作り、その上に携帯天幕で屋根を構築しており、対空遮蔽と防水を兼ねて椰子の葉で屋根を重ねている

上記兵舎の内部状況

炊事の一例。炊事煙をはじめとする煙によって自軍陣地の暴露を防ぐため、対空遮蔽を入念にするとともに、燃料は煙の少ない乾燥させた竹類等が用いられた

ドラム缶風呂の一例

密林内の炊事場の状況であり、「ドラム缶」を利用した竈が見られる

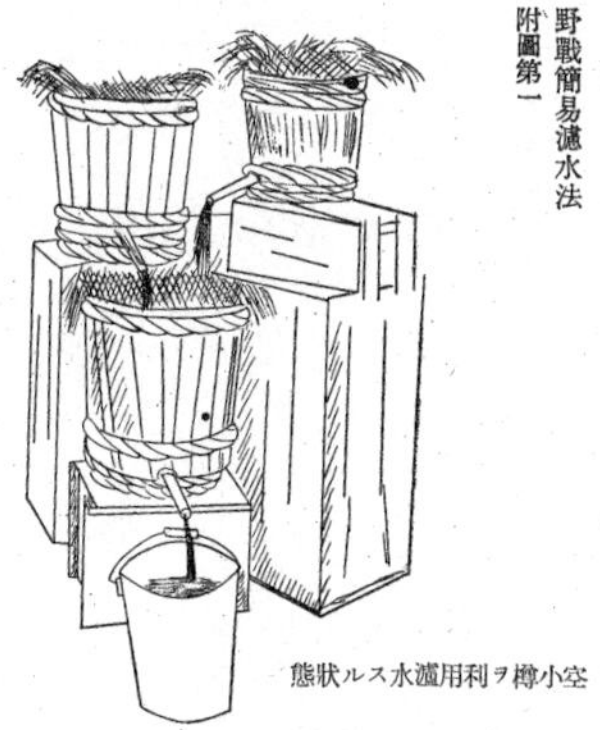

野戦簡易濾水法

各種糧秣等の空容器を応用した濾水装置の製作要領領

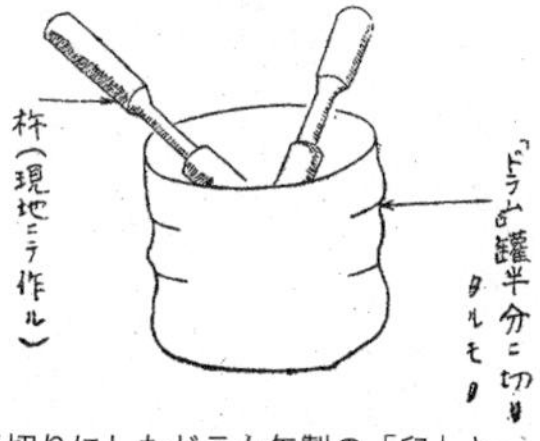

杵（現地ニテ作ル）
「ドラム罐半分ニ切リタルモノ

半切りにしたドラム缶製の「臼」と、原生木材で作成した「杵」の一例

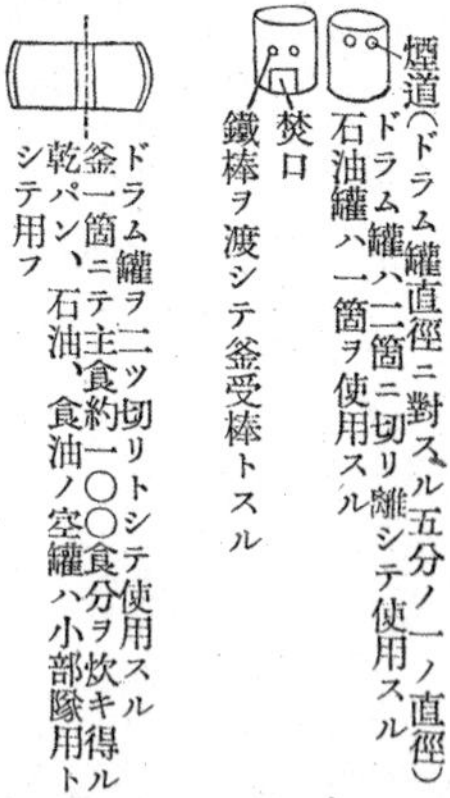

ドラム罐ハ二箇ニ切リ離シテ使用スル

鐵棒ヲ渡シテ釜受棒トスル
ドラム罐ヲ二ツ切リトシテ使用スル
釜一箇ニテ主食約一〇〇食分ヲ炊キ得ル
乾パン、石油、食油ノ空罐ハ小部隊用トシテ用フ

「ドラム缶」を利用した「炊事竈」の製作要領。一斗缶は小部隊用に用いられた

七寸角深七分
柄ヲ取附ケル側ヲ二重トナシ丈夫ナル
太キ竹ヲ節附キニテ切リ縦二ツ割トシテ用フ
椰子ノ實ノ殼ハ二ツ割トシテクリ抜キテ用フ

「乾麺麭」等の糧秣木箱の内面にある防水用のブリキ板を利用した鍋・フライパンの製作要領と「竹筒」を利用した食器の製造要領

あとがき

本書は二〇一八年一月より二〇一九年六月まで雑誌『丸』に「昭和陸軍の戦場」のタイトルで十八回にわたり連載したものを一冊にまとめたものです。

この連載に際しましては、「満洲事変」から「支那事変」にかけての時期を主体として、戦場での日本陸軍将兵の一般的な衣食住を平易に解説することをコンセプトとしました。

戦場といえば、つねに戦闘が展開される情景を思い浮かべがちですが、実際は行軍と露営を繰り返すことが主体であり、このほかにも警備目的で一地に長期駐留する生活等、内地の兵営生活とは異なる緊張と困難の連続する日々が展開されています。

当書が、先人が戦場で体験したご苦労を伝承する一助となれば幸いです。

また掲載している写真は、昭和期の大陸にある支那と満洲の戦場で撮影されたものを中心としています。

書籍発行の機会をくださいました潮書房光人新社の皆川豪志社長に感謝を申し上げますとともに、雑誌『丸』編集部の岩本孝太郎様と、懇切丁寧に編集をしてくださいました第一書籍編集部の川岡篤様に御礼申し上げます。

また連載にあたり、多くの協力をいただいております「軍事法規研究会」に御礼申し上げます。

二〇一九年六月吉日　　著者

単行本　令和元年八月　潮書房光人新社

NF文庫

日本陸軍の基礎知識〔昭和の戦場編〕

二〇二三年十月二十三日　第一刷発行
著　者　藤田昌雄
発行者　赤堀正卓
発行所　株式会社　潮書房光人新社
〒100-8077　東京都千代田区大手町一-七-二
電話／〇三-六二八一-九八九一代
印刷・製本　中央精版印刷株式会社
定価はカバーに表示してあります
乱丁・落丁のものはお取りかえ致します。本文は中性紙を使用

ISBN978-4-7698-3329-1　C0195
http://www.kojinsha.co.jp

NF文庫

刊行のことば

第二次世界大戦の戦火が熄《や》んで五〇年——その間、小社は夥しい数の戦争の記録を渉猟し、発掘し、常に公正なる立場を貫いて書誌とし、大方の絶讃を博して今日に及ぶが、その源は、散華された世代への熱き思い入れであり、同時に、その記録を誌して平和の礎とし、後世に伝えんとするにある。

小社の出版物は、戦記、伝記、文学、エッセイ、写真集、その他、すでに一、〇〇〇点を越え、加えて戦後五〇年になんなんとするを契機として、「光人社ＮＦ（ノンフィクション）文庫」を創刊して、読者諸賢の熱烈要望におこたえする次第である。人生のバイブルとして、心弱きときの活性の糧《かて》として、散華の世代からの感動の肉声に、あなたもぜひ、耳を傾けて下さい。

＊潮書房光人新社が贈る勇気と感動を伝える人生のバイブル＊

ＮＦ文庫

大空のサムライ　正・続

坂井三郎

出撃すること二百余回——みごと己れ自身に勝ち抜いた日本のエース・坂井が描き上げた零戦と空戦に青春を賭けた強者の記録。

紫電改の六機　若き撃墜王と列機の生涯

碇　義朗

本土防空の尖兵となって散った若者たちを描いたベストセラー。新鋭機を駆って戦い抜いた三四三空の六人の空の男たちの物語。

私は魔境に生きた　終戦も知らずニューギニアの山奥で原始生活十年

島田覚夫

熱帯雨林の下、飢餓と悪疫、そして掃討戦を克服して生き残った四人の逞しき男たちのサバイバル生活を克明に描いた体験手記。

証言・ミッドウェー海戦　私は炎の海で戦い生還した！

橋本敏男
田辺彌八　ほか

空母四隻喪失という信じられない戦いの渦中で、それぞれの司令官、艦長は、また搭乗員や一水兵はいかに行動し対処したのか。

『雪風ハ沈マズ』　強運駆逐艦 栄光の生涯

豊田　穣

直木賞作家が描く迫真の海戦記！　艦長と乗員が織りなす絶対の信頼と苦難に耐え抜いて勝ち続けた不沈艦の奇蹟の戦いを綴る。

沖縄　日米最後の戦闘

米国陸軍省編
外間正四郎 訳

悲劇の戦場、90日間の戦いのすべて——米国陸軍省が内外の資料を網羅して築きあげた沖縄戦史の決定版。図版・写真多数収載。